자동차 전기통신

VEHICLETELECOMMUNICATIONS

구민사

www.kuhminsa.co.kr

PREFACE

머리말

자동차는 전통적 기능인 운행과 관련된 엔진 및 기계 기술에서 편의, 안전 등의 서비스를 구현하기 위하여 자동차 내에 전장장비의 증가로 인한 새로운 환경 변화를 맞이하고 있다.

자동차는 약 2만 여 개의 부품으로 구성되어 있으며, 크게 사람이나 화물을 싣는 부분인 차체(body)와 엔진을 비롯한 동력전달장치, 조향장치, 현가장치, 주행장치 등 차체를 제외한 나머지 부분인 섀시(chassis)로 구성되어 있다. 그리고 자동차의 각 부분은 기계와 전자장비의 결합으로 이루어지고, 우리의 신체처럼 각각의 부속들이 유기적으로 연결이 되어 자동차의 본래 및 부수적인 목적을 달성할 수 있다.

이러한 시스템 엔지니어링 기술인 자동차 기술은 안전, 환경 및 에너지 효율, 대체 에너지 적용, 편리성 및 안정성 향상 등 미래 자동차의 기능을 구현하기 위하여는 다수의 새로운 전장장치를 필요로 한다. 이에 따라 차량의 전자화가 빠르게 진행되고 있으며, 전장부품의 시장은 타 부품 군 대비 향후 높은 성장세가 예상된다.

이와 같은 전장장치의 증가는 전장제어장치(ECU)의 기능을 증가시키고 있고, ECU 모듈을 통해서 자동차 운전 환경을 보다 쾌적하고 안전하게 만들 수 있다. ECU 모듈은 CAN, LIN 등의 모듈과 상호 작용을 하게 된다.

본 교재는 제1장 전기전자에서 기초전기, 기초전자, 논리회로의 기본 개념을 다루었다 제2장 통신이론에서 정보통신기초, 데이터 전송, 통신 프로토콜, 정보통신망을 다루어 자동차 네트워크 기술의 기본 개념을 익힐 수 있도록 하였다. 제3장 자동차 네트워크 시스템에서 통신장치, 자동차 통신을 통해 CAN 통신과 LIN 통신 제작사 통신 시스템 등을 소개하였다. 제4장 등화편의장치 회로도분석을 통해 계기 및 등화장치, 안전 및 편의장치를 이해할 수 있도록 하였다.

이 책이 나오기까지 도움을 주신 도서출판 구민사 조규백 대표님과 관계자 분들께 깊은 감사의 말씀을 드린다.

저자일동

CONTENTS

차례

1

Part

전기전자

2 Part 통신이론

3 Part

자동차 네트워크 시스템

4 Part
등화 및 편의장치

제1편
전기전자

C/O/N/T/E/N/T/S

1_ 전기의 개요

1. 개요

물질이 성질을 갖고 있는 가장 기본 단위는 분자이며, 분자를 더 쪼개보면 원자, 원자는 핵과 전자로 구성되어 있다. 여기서 전자는 전기의 본질이며 그중에서도 가장 바깥에 위치한 전자를 자유전자라 한다. 이 자유전자가 이동하여 전기가 흐르는 현상이 발생된다. 고대부터 전류는 (+)에서 (−)로 흐른다고 알려져 왔는데, 실제는 자유전자인 (−)가 (+)쪽으로 이동하여 발생하는 현상이 전류의 흐름이다. 그리하여 전류가 흐른다는 것은 실제로는 (−)인 전자가 (+)쪽으로 이동하여 나타나는 현상이지만 현재에도 전기(전류)는 (+)에서 (−)로 흐른다고 말한다.

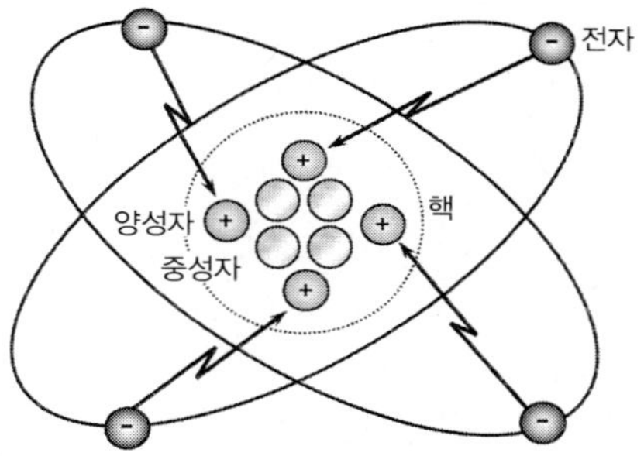

그림 1-1 원자의 구조

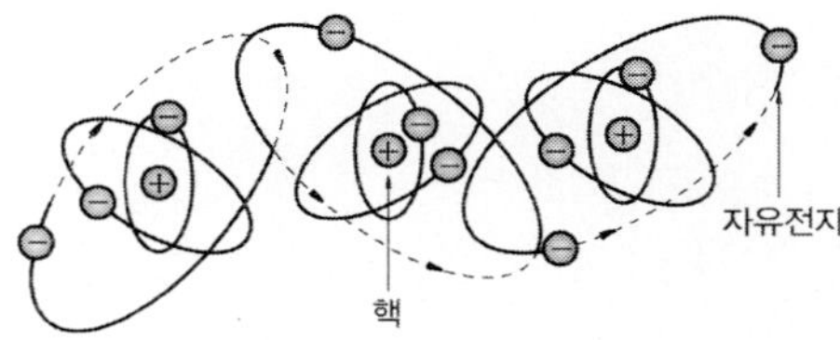

그림 1-2 자유전자의 이동

1) 축전기(condenser, 콘덴서)

축전기란 전기 입자를 모으는 장치로, 절연체를 사이에 두고 두 장의 금속판 A, B를 가까운 거리에서 마주보게 한 다음, 전압을 가하면 두 장의 금속판으로 (+), (−) 전하가 이동하여 전기를 저장할 수 있다. 이때 금속판에 저장할 수 있는 전기의 양은 가해지는 전압, 금속판의 면적, 절연체의 절연도에 비례하고, 금속판 사이의 거리에 반비례한다.

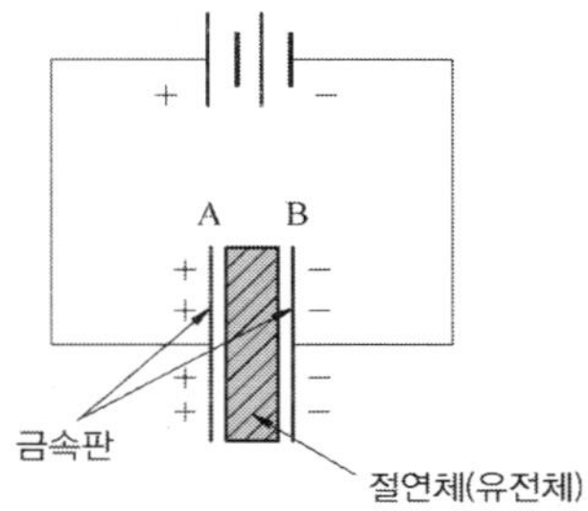

그림 1-3 콘덴서의 구조

① 축전기의 연결법

㉠ 직렬접속 $C=\dfrac{1}{\dfrac{1}{C_1}+\dfrac{1}{C_2}+\cdots+\dfrac{1}{C_n}}$

㉡ 병렬접속 $C=C_1+C_2+\cdots+C_n$

② 축전기의 정전용량 $Q=C\cdot E$

Q: 전하량[C, coulomb]
C: 정전용량[F, farad]
E: 전압[V, volt]

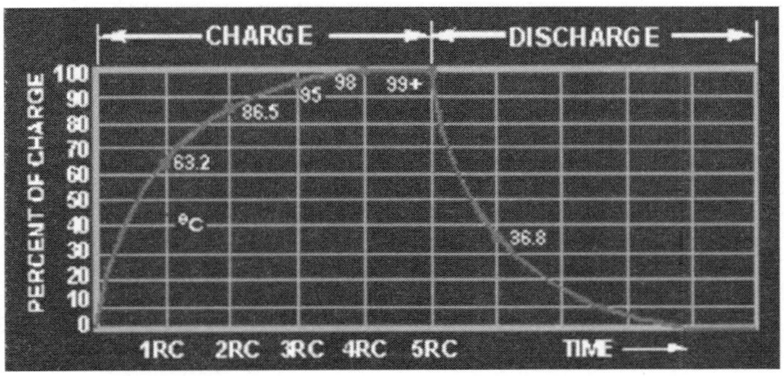

그림 1-4 콘덴서의 충·방전 곡선(RC 직렬회로)

③ 축전기의 시정수(時定數, time constant, τ): 콘덴서의 시정수란 콘덴서의 충·방전 소요시간을 나타내기 위한 것으로, 인가전압의 약 63.2[%]가 충전될 때까지의 시간 또는 완전 충전된 콘덴서가 인가전압의 36.8[%]까지 방전되는 시간으로 정의한다.

시정수 1τ가 경과하면 콘덴서는 인가전압의 63.2[%]까지 충전되고, 2τ가 경과하면 남은 전압의 63.2[%]가 충전된다. 따라서, 어떤 콘덴서가 완전 충전하는 데 걸리는 시간은 이론상 무한대이다. 하지만 충전 개시 후 5τ가 경과하면 인가전압의 99.3[%]까지 충전되므로 완전 충전된 것으로 간주한다. 방전의 경우도 같다.

2_ 전류, 전압, 저항

1) 전류

① **전기의 흐름** : 자유전자의 흐름을 전류가 흐른다고 하며, 전자는 (-)에서 (+)로 전류는 (+)에서 (-)로 흐른다. 도체 내의 임의의 한 점을 매초 1쿨롱의 전하가 이동하는 것을 1암페어(A)라 하며 기호는 I로 표시한다.

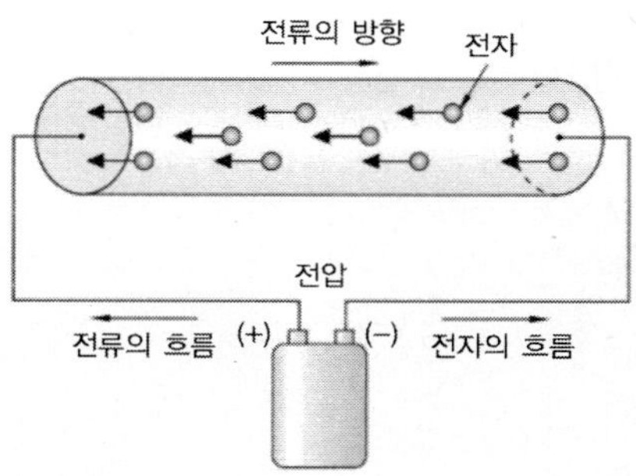

그림 1-5 전류와 전자의 흐름

② **전류의 작용**

㉠ 발열작용 : 도체 내에는 전기의 흐름을 방해하는 저항이 있어 전류가 흐르면 열이 발생한다. 따라서, 열의 발생은 전류가 많이 흐르거나 저항이 크면 커진다. 자동차에 발열작용을 이용한 것으로는 시거 라이터, 뒷유리 열선 등이 있다.

㉡ 화학작용 : 전류가 흐르는 현상에 의해 전기분해나 화학반응이 일어나는 작용이다. 화학작용의 대표적인 부품이 축전지이다.

㉢ 자기작용 : 도체에 전류가 흐르면 오른나사의 법칙에 의해 도체 주위에 자기 현상이 발생되고, 이 전기 에너지를 기계적인 힘으로 바꾸어 응용한 것이 자동차의 기동전동기, 발전기, 릴레이(솔레노이드) 등이다.

2) 전압

전압이란 전기적인 압력에 의해 전류가 흐르는 것으로 전위차(potential difference)라고도 한다.

전압은 물의 흐름과 비유하면 쉽게 이해할 수 있다. 물의 높이 차에 해당하는 것을 수위차(수압)라 하듯이 전지의 (+)와 (−)의 높이 차이를 전위차(전압)라 한다. 물이 흐르면 수위차가 낮아지므로 펌프를 이용하여 수위를 일정하게 하듯이 전압도 흐르면 전위차가 낮아지므로 전압을 일정하게 하기 위해 전압을 만들어 내는 것을 기전력이라 한다. 전압의 단위는 볼트(V), 기호는 E로 표시한다.

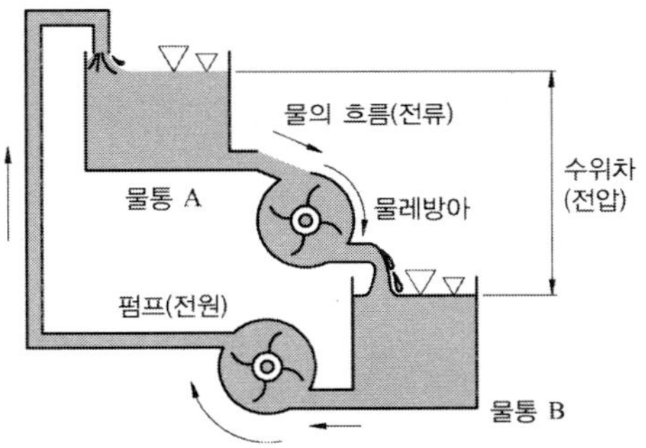

그림 1-6 수압과 전압의 비교

3) 저항

저항이란 물질에 전류가 흐르기 쉬운가, 어려운가를 나타낸 것으로 전선의 재질, 전선의 굵기, 전선의 길이에 따라 달라진다. 저항이 너무 크면 흐르는 전류가 작아 회로에서 일을 할 수 없고 너무 작으면 흐르는 전류가 너무 많아(과전류) 열이 발생하여 화재의 원인이 되기도 한다. 따라서 저항은 회로에서 전류가 할 수 있는 일을 적절하게 제어하는 기능을 하는 것이다. 저항의 단위로는 오옴(Ω), 기호는 R로 표시한다.

① **도체의 고유저항**(비저항) : 물체 자체가 지니고 있는 고유한 전기저항으로, 물질의 저항은 재질, 단면적, 온도에 따라서 변화하므로 길이 1[m], 단면적 1[m^2]인 도체의 두 면 간의 저항값을 비교하여 도체가 가지는 저항값을 고유저항 또는 저항률 ρ(rho)라고 한다. 물체의 저항값은 길이 ℓ[m]에 비례하고, 단면적 A[m^2]에 반비례한다.

$$R = \rho \times \frac{\ell}{A}$$

도체의 고유 저항값은 다음과 같다.

도체 명칭	고유저항 ($\mu\Omega$ cm/20[℃])	도체 명칭	고유저항 ($\mu\Omega$ cm/20[℃])
은	1.62	황	5.7
구리	1.69	니켈	6.9
금	2.40	철	10.0
알루미늄	2.62		

② **온도와 저항** : 일반적으로 도체는 온도가 상승하면 저항이 증가한다. 온도가 1[℃] 상승하였을 때 저항값이 어느 정도 크게 되었는가의 비율을 저항의 온도계수라 한다.

이를 식으로 표현하면, $\Delta R = R_2 - R_1 = R_1 \cdot \alpha \cdot (t_2 - t_1)$이다.

R_2 : t_2[℃]일 때의 저항값
R_1 : t_1[℃]일 때의 저항값
α : t_1[℃]의 온도계수

그러므로, $R_2 = R_1 + R_1 \cdot \alpha \cdot (t_2 - t_1) = R_1 \times [1 + \alpha \cdot (t_2 - t_1)]$이다.

예를 들어, 저항의 온도계수가 0.004일 때 1[Ω]에서 1[℃] 상승하면
$R_2 = R_1 \times [1 + \alpha \cdot (t_2 - t_1)] = 1.004[\Omega]$이 되고, 20[℃] 상승하면
$R_2 = R_1 \times [1 + \alpha \cdot (t_2 - t_1)] = 1 \times [1 + 0.004 \times 20] = 1.08[\Omega]$이 된다.

③ 저항의 연결법

㉠ 직렬연결 : 몇 개의 저항을 직렬로 연결한 방식으로, 각각의 저항을 더하므로 합성저항은 가장 큰 저항보다도 더 크다. 또한 저항이 직렬로 있으므로 각 저항에는 같은 전류가 흐른다.

합성저항 $R = R_1 + R_2 + \cdots + R_n$

㉡ 병렬연결 : 각 저항을 병렬로 연결한 것으로, 병렬접속의 합성저항은 병렬회로에서 가장 작은 저항보다도 작게 된다. 하지만 각 저항에는 같은 전압이 걸린다. 자동차의 부품에는 대부분 병렬로 연결되어 같은 12[V](승용차 기준)가 걸리게 된다.

합성저항 $R = \dfrac{1}{\dfrac{1}{R_1} + \dfrac{1}{R_2} + \cdots + \dfrac{1}{R_n}}$

㉢ 직·병렬연결 : 직렬접속과 병렬접속이 한 회로에 있는 것으로, 합성저항은 병렬접속의 합성저항을 구한 후 직렬회로의 저항과 더하면 된다.

④ **전압강하** : 전기회로에서 쓰고 있는 전선의 저항이나 회로 접속부의 접속저항 등에 소비되는 전압으로, 접촉이 불량하면 접촉저항이 크게 되어 전압강하는 크게 된다. 접촉저항을 감소시키기 위한 방법은 다음과 같다.

㉠ 접촉 면적을 넓게 한다.
㉡ 접촉 압력을 세게 한다.
㉢ 길이를 짧게 한다.
㉣ 굵기를 굵게 한다.
㉤ 공기의 침입을 막는다.

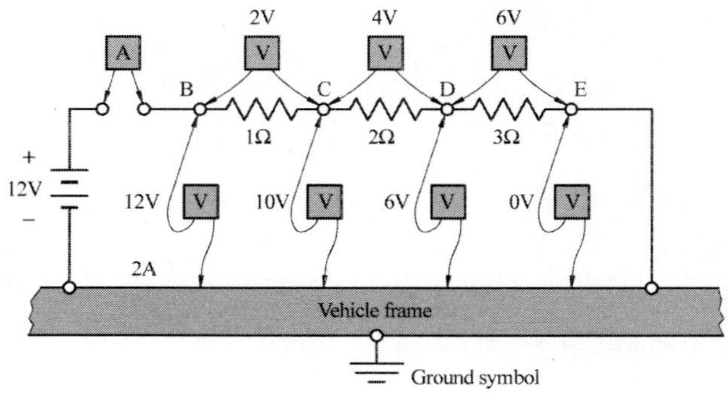

그림 1-7 전압강하

⑤ 저항 색띠 읽기

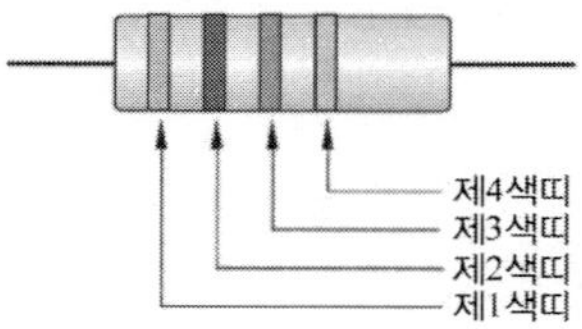

저항에는 4～5개의 색띠를 둘러서 저항값을 표시하며, 색의 앞뒤 구분은 색띠가 쏠려 있는 쪽이 앞이고, 구분하기 어려우면 금색이나 은색이 뒤쪽이다. 저항 읽는 법은 다음과 같다.

색 깔	제1색띠	제2색띠	제3색띠	제4색띠
	첫째 자리	둘째 자리	10의 제곱	오차([%])
검정	0	0	10^0	
갈색	1	1	10^1	
빨강	2	2	10^2	
주황	3	3	10^3	
노랑	4	4	10^4	
녹색	5	5	10^5	

색 깔	제1색띠	제2색띠	제3색띠	제4색띠
	첫째 자리	둘째 자리	10의 제곱	오차([%])
파랑	6	6	10^6	
보라	7	7	10^7	
회색	8	8	10^8	
흰색	9	9	10^9	
금색				±5
은색				±10

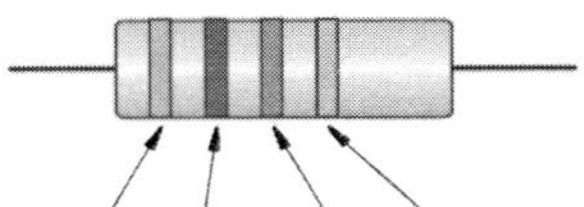

예를 들어, 앞쪽에서부터 노랑, 보라, 주황, 금색이라면 첫째 노랑이 4, 둘째 보라가 7이므로 47, 다음 셋째는 주황색이므로 10^3이다. 앞 두 색의 수에 셋째를 곱하면, $47\times10^3=47[k\Omega]$이 된다. 오차는 금색이므로 약 ±5[%]이다.

1. 옴의 법칙

1) 옴의 법칙(ohm' s law)

전기 회로에 흐르는 전류 I[A]는 전압 E[V]에 비례하고 저항 R[Ω]에 반비례 한다. 이것을 옴의 법칙이라 한다.

즉, $I=\dfrac{E}{R}[\mathrm{A}]$, $R=\dfrac{E}{I}[\Omega]$, $E=I\cdot R[\mathrm{V}]$

2) 키르히호프의 법칙

① **키르히호프의 제1법칙**: 임의의 회로에서 "어떤 한 점에 유입한 전류의 총합과 유출한 전류의 총합은 같다"는 전류에 대한 법칙이다.

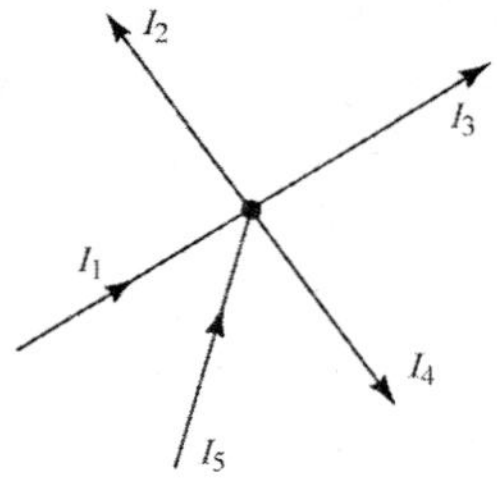

그림 1-8 키르히호프의 제1법칙

② **키르히호프의 제2법칙**: 임의의 폐회로에 있어서 "발생한 기전력의 총합과 각 저항에서의 전압강하의 총합과 같다"는 전압에 대한 법칙이다.

3_ 전력과 전기기호

1. 전력과 전력량

1) **전력**(electric power)

전구, 전열기, 전동기 등에 전압을 가하여 전류를 흐르게 하면 전류는 빛, 열, 기계적 일 등 여러 가지 에너지로 변환된다. 이와 같이 전력이란 단위 시간당 전기가 하는 일의 크기로, 전력＝전압×전류로 나타내며, 단위는 와트(W), 기호는 P로 표시한다.

즉, 전력 $P = E \times I = I^2 \times R = \frac{E^2}{R}$로 나타낼 수 있다.

2) **전력량**(electric energy)

전력량이란 전력이 어떤 시간 동안에 한 일의 총량으로, 전력량＝전력×시간으로 표시한다.

전력량의 단위는 W·t(=Joule) 또는 kW·h, 기호는 W로 표시한다. 전력 $P = E \times I$이므로, 전력량 $W = P \cdot t = E \cdot I \cdot t = I^2 \cdot R \cdot t = \frac{E^2}{R} \cdot t$로 나타낼 수 있다.

3) 줄의 법칙(joule's law)

도체에 전류가 흘러 모두 열로 바뀌었을 때, 발생하는 열량은 전류의 제곱과 저항의 곱에 비례한다는 법칙이다. 이때의 열을 줄 열이라 하며 $H = 0.24I^2 \cdot R \cdot t$ [cal]로 표시한다.

2. 전기기호

기 호	명 칭	기호 관계 설명
	배터리 (battery)	전원·배터리를 의미하며 긴 쪽이 ⊕, 짧은 쪽이 ⊖ 이다.
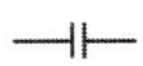	콘덴서 (condenser)	전기를 일시적으로 저장하였다가 방출한다.(교류에는 전도성이 있으며 직류는 전류를 전달하지 못한다.)
	저항 (resistor)	고유저항, 니크롬선 등
	가변 저항 (variable resistor)	저항값이 변하는 저항(인위적 또는 여건에 따라)
	전구 (bulb)	램프를 의미 • 헤드라이트 : 55~60[W] • 램프 전구 : 5~10[W]
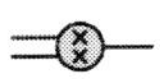	더블 전구 (double bulb)	이중 필라멘트를 가진 램프 테일라이트, 헤드라이트 등
	코일 (coil)	전류를 통하면 전자석이 된다.(자장의 발생)
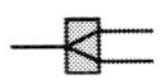	더블 마그네틱 (double magnetic)	두 개의 코일이 감긴 전자석 또는 마그넷, 스타팅 모터의 마그넷 스위치
	변압기 (transformer)	변압기로서 이그니션 코일 같은 경우
	스위치 (S/W)	일반적인 스위치를 표시한다.
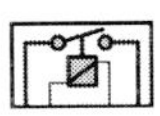	릴레이 (relay)	S_1과 S_2에 전류를 통하면 코일이 전자석이 되어 스위치(S/W)를 붙여 준다.

기 호	명 칭	기호 관계 설명
	스위치 (S/W)	2단계 스위치로서 평상시 붙어 있는 접점은 흑색으로 표시한다.
	지연 릴레이 (delay relay)	지연 릴레이로서 일종의 timer 역할을 의미한다. 그림은 off 지연 릴레이이다.
	스위치 (normal open)	평상시 접촉이 이루어지지 않다가 누를 때만 접속된다. 혼 스위치, 각종 스위치 등
	스위치 (normal close)	평상시에는 접촉이 이루어지나 누를 때만 접촉이 안 된다. 주차 브레이크 스위치, 림 스위치, 브레이크 스위치 등에 쓰인다.
	서미스터 (thermistor)	외부 온도에 따라 저항값이 변한다. 온도가 올라가면 저항값이 낮아지는 부특성과 그 반대로 저항값이 올라가는 정특성 서미스터가 있다.
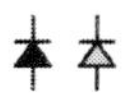	다이오드 (diode)	한 방향(화살표 방향)으로만 전류를 통할 수 있다. 화살표 반대 방향으로는 흐르지 못한다.
	제너 다이오드 (zener diode)	제너 다이오드는 역방향으로 한계 이상의 전압이 걸리면 순간적으로 도통 한계 전압을 유지한다.
	포토 다이오드 (photo diode)	빛을 받으면 전기를 흐를 수 있게 한다. 일반적으로 스위칭 회로에 쓰인다.
	발광 다이오드 (LED)	전류가 흐르면 빛을 발하는 파일럿 램프(pilot lamp) 등에 쓰인다.
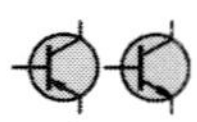	트랜지스터 (TR)	그림의 왼쪽은 PNP형, 오른쪽은 NPN형으로서 스위칭, 증폭, 발진작용을 한다.(자동차에서는 NPN형이 쓰인다.)
	포토 트랜지스터 (photo-transi stor)	외부로부터 빛을 받으면 전류를 흐를 수 있게 하는 감광소자이다. CDS라고도 한다.
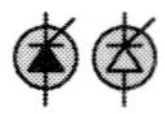	사이리스터 (SCR)thyristor	다이오드와 비슷하나 캐소드에 전류를 통하면 그때서야 도통되는 릴레이와 같은 역할을 한다.
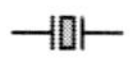	압전소자 (piezo—electri c element)	힘을 받으면 전기가 발생하며 응력 게이지 등에 주로 사용한다. 전자 라이터나 수정 진동자를 의미하기도 한다.

기 호	명 칭	기호 관계 설명
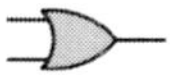	논리 합 (logic OR)	논리회로로서 입력부 A, B 중에 어느 하나라도 1이면 출력 C도 1이다. ※ 1이란 전원이 인가된 상태, 0은 전원이 인가되지 않은 상태
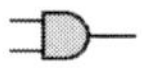	논리적 (logic AND)	입력 A, B가 동시에 1이 되어야 출력 C도 1이며 하나라도 0이면 출력 C는 0이 된다.
	논리 부정 (logic NOT)	A가 1이면 출력 C는 0이고 입력 A가 0일 때 출력 C는 1이 되는 회로
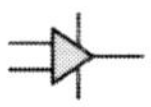	논리 비교기 (logic compare)	B에 기준전압 1을 가해주고 입력단자 A로부터 B보다 큰 1을 주면 동력입력 D에서 C로 1 신호가 나가고 B 전압보다 작은 입력이 오면 0 신호가 나간다.(비교회로)
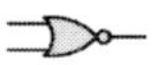	논리합 부정 (logic NOR)	OR 회로의 반대 출력이 나온다. 즉, 둘 중 하나가 1이면 출력 C는 0이 되고 둘 다 0이면 출력 C는 1이 된다.
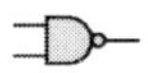	논리적 부정 (logic NAND)	AND 회로의 반대 출력이 나온다. A, B 모두 1이면 출력 C는 0이며 모두 0이거나 하나만 0이어도 출력 C는 1이 된다.
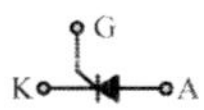	사이리스터	PNPN 또는 PNPN의 4층 구조로 제어 정류기로서 애노드(A) 캐소드(K), 게이트(G)의 3단자로 구성되어 있으며 순방향 전압은 애노드에 +를 게이트에 +를 캐소드에 −를 접속하면 전류는 애노드에서 캐소드로 흐른다.
	고밀도 반도체 소자 (integrated circuit)	IC를 의미하며 $A \cdot B$는 입력을, $C \cdot D$는 출력을 나타낸다.
	모터 (motor)	모터(내장식과 외장식)
	비접속 (disconnection)	배선이 접속되지 않은 상태
	접속 (connection)	배선이 서로 접속되어 있는 상태
	어스 (earth)	어스 ⊖ 쪽에 접지시킨 것을 의미한다.
	소켓 (soket)	소켓 암컷을 의미, 모든 회로도에서는 주로 암컷 소켓의 배선 색깔을 표시

4_ 반도체(semiconductors)

1. 반도체의 개요

반도체란 실리콘(Si), 게르마늄(Ge), 셀렌(Se)과 같이 도체와 부도체의 중간 성질을 갖는 소자를 말한다.

1) 반도체의 종류

반도체 소자인 실리콘이나 게르마늄 등 4가로만 이루어진 반도체를 진성 반도체라 하고, 이는 반도체 특성을 띠지 않으므로 반도체로 사용하지 않는다. 실리콘이나 게르마늄 등 4가의 원소에 인(P), 비소(As), 안티몬(Sb) 등 5가의 원소가 첨가되어 있는 것을 N형 반도체, 4가의 원소에 붕소(b), 알루미늄(Al), 인듐(In) 등 3가의 불순물이 첨가되어 있는 것을 P형 반도체라 한다.

① N(Negative)형 반도체 : 게르마늄(Ge)에 소량의 불순물을 혼합하여 1개의 전자가 남게 하여 전류를 이동할 수 있게 하는 반도체로서 ⊖ 전자가 이동하므로 N형 반도체라 한다. 이 경우 과잉전자가 전류를 흐르게 하였으므로 전류의 캐리어(carrier, 운반자)가 과잉전자라 하고, 전자를 주는 것을 도너(donor)라 한다.

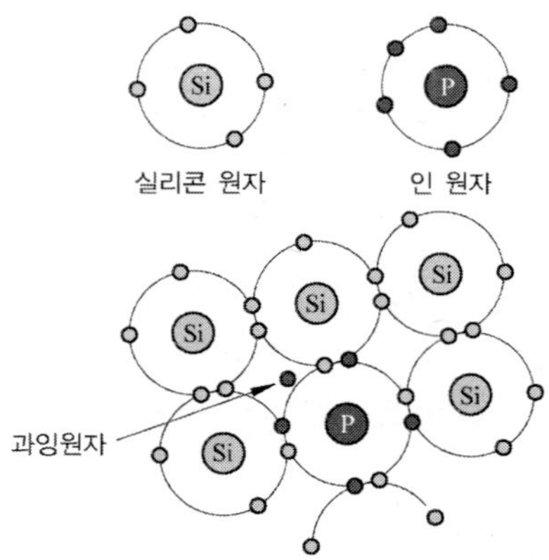

그림 1-9 과잉전자

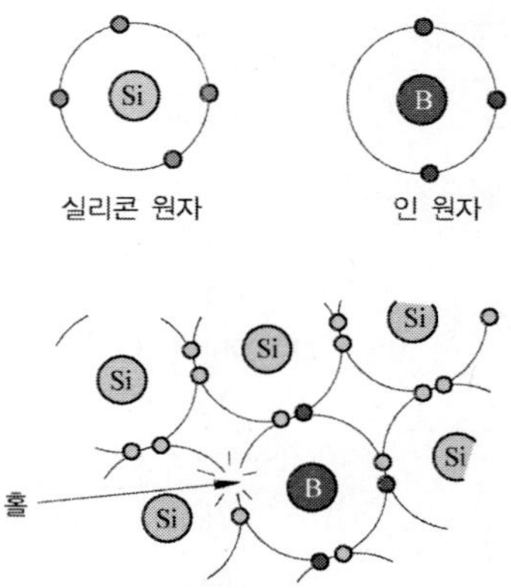

그림 1-10 홀(정공)

② P(Positive)형 **반도체** : 게르마늄(Ge)이나 실리콘(Si)과 같은 4가의 소자에 소량의 불순물을 혼합하면 게르마늄과 혼합 시 1개의 전자가 부족하여 정공이 생성되게 하여 정공을 이용해서 전류가 흐르게 한 반도체이다. 이 경우 홀(정공)이 전류를 흐르게 하였으므로 전류의 캐리어(carrier, 운반자)를 홀(hole)이라 하고, 전자를 받는 것을 억셉터(acceptor)라 한다.

2) 실리콘 다이오드(silicon diode)

P형 반도체와 N형 반도체를 마주 대고 접합한 겹쳐 놓은 다이오드로서 순방향으로는 전류가 흐르고 역방향으로는 전류가 흐르지 않는다.

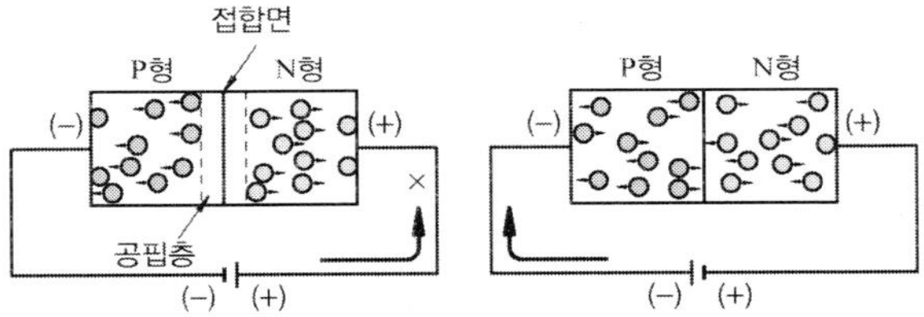

(a) 역방향 다이오드 (b) 순방향 다이오드

그림 1 - 11 다이오드의 접속

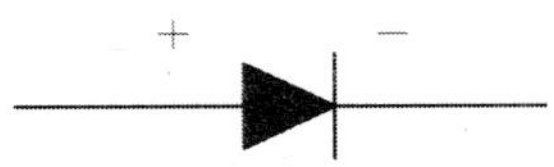

그림 1 - 12 실리콘 다이오드의 기호

① 다이오드의 종류

㉠ 제너 다이오드(zener diode) : 다이오드는 순방향으로는 전류가 흐르고 역방향으로는 전류가 흐르지 않으나 제너 다이오드는 역방향 전압을 증가시켜 일정한 값에 이르게 되면 역방향으로도 전류가 흐를 수 있는 다이오드이다. 이때의 전압을 제너 전압(브레이크 다운 전압)이라 하며, 자동차용 교류 발전기의 전압 조정기에 사용하고 있다.

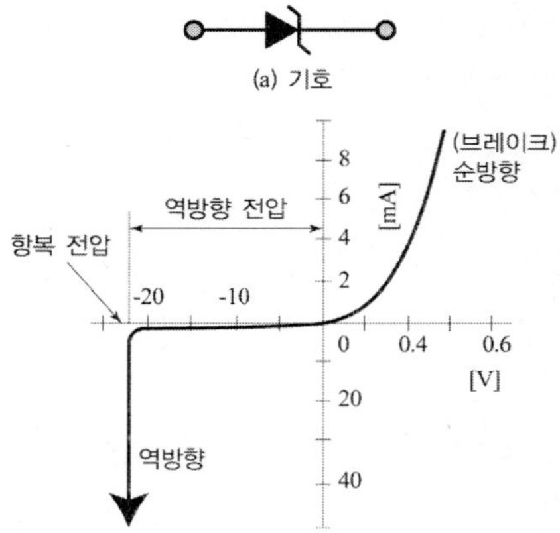

그림 1-13 제너 다이오드

㉡ 발광 다이오드(LED) : 순방향으로 전류를 흐르게 하였을 때 빛이 발생되는 다이오드로서 가시광선으로부터 적외선까지 여러 가지 빛을 발생한다. 즉, PN형 접합면에 순방향 전압을 가하여 전류를 흐르게 하면 캐리어가 가지고 있는 에너지 일부가 빛으로 되어 외부로 방사한다. 전자장치의 파일럿 램프, 크랭크각 센서 및 각종 센서 등에서 사용한다.

㉢ 포토 다이오드(photo diode) : 입사광선이 접합부에 쪼이면 빛에 의해 전자가 궤도를 이탈하여 자유전자가 되어 역방향으로도 전류가 흐르게 되며, 입사광선이 강할수록 자유 전자수도 증가되어 더욱 많은 전류가 흐르게 된다. 이러한 원리를 이용하여 배전기 내의 크랭크각 센서 및 TDC 센서, 차고 센서 등에서 사용하고 있다.

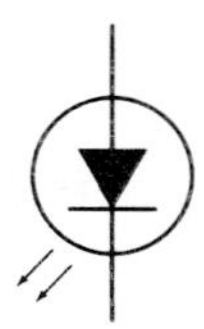

그림 1-14 발광 다이오드(LED)

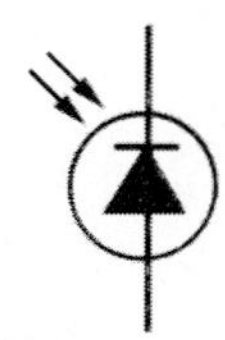

그림 1-15 포토 다이오드

3) 트랜지스터(transistor)

N형 반도체를 중심으로 양쪽에 P형 반도체를 접합한 PNP형 트랜지스터와 P형 반도체를 중심으로 양쪽에 N형 반도체를 접합한 NPN형 트랜지스터가 있다. 트랜지스터에는 3개의 단자가 있는데 이들을 이미터(Emitter = E), 베이스(Base = B), 컬렉터(Collector = C)라 한다. 트랜지스터는 베이스(b) 전류를 ON, OFF 제어로 인하여 이미터(E)와 컬렉터(c)의 사이를 ON, OFF 제어할 수 있는 스위치 작용과 베이스의 전류 크기를 조절하여 이미터와 컬렉터 사이의 전류를 증폭하는 증폭작용을 한다.

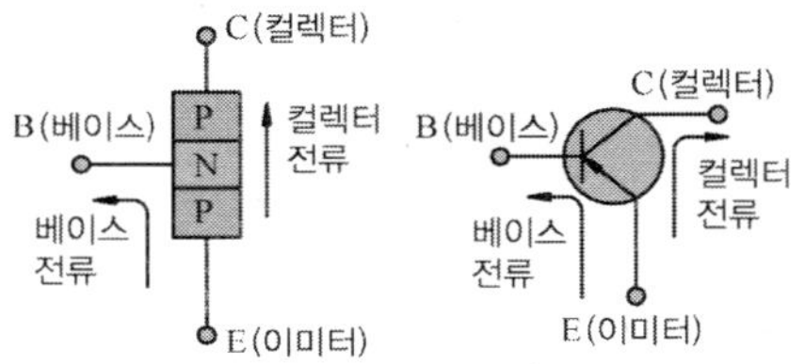

그림 1-16 PNP형 트랜지스터

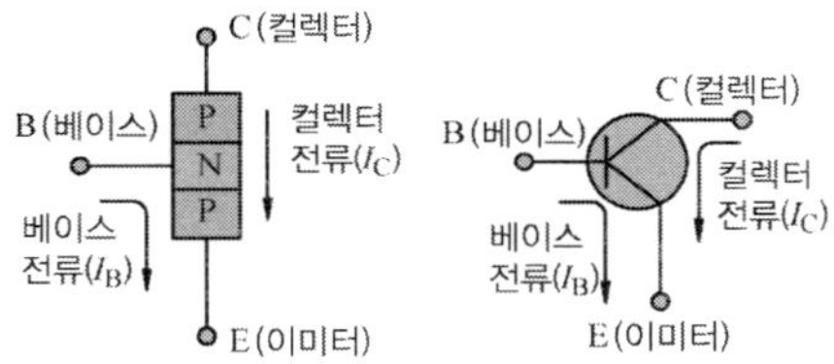

그림 1-17 NPN형 트랜지스터

① **트랜지스터의 작동**(NPN TR의 경우) : 트랜지스터의 컬렉터에 (+)를, 이미터에 (−)를 연결하면, 컬렉터 쪽 N형 반도체의 전자가 컬렉터 단자 쪽으로 모이게 되고 얇은 P형 반도체의 (+)는 (−) 단자 쪽으로 모이게 되어 얇은 P형 반도체와 컬렉터 쪽 N형 반도체 사이에 공핍층이 형성되어 전류는 흐르지 못하게 된다. 이때 베이스에 (+)전류를 흐르게 하면 가운데 얇은 P형 반도체 (+)는 이미터의 전자와 만나 흐르게 되므로 베이스와 이미터가 연결되고, 양쪽 N형 반도체의 전자는 모두 일체가 되어 컬렉터 쪽으로 흐르게 된다(전류는 컬렉터에서 이미터로 흐른다).

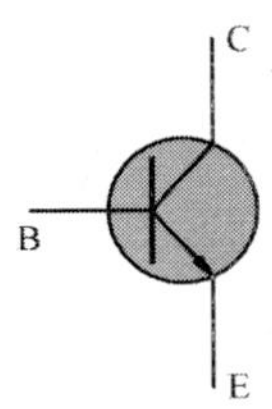

그림 1-18 NPN TR

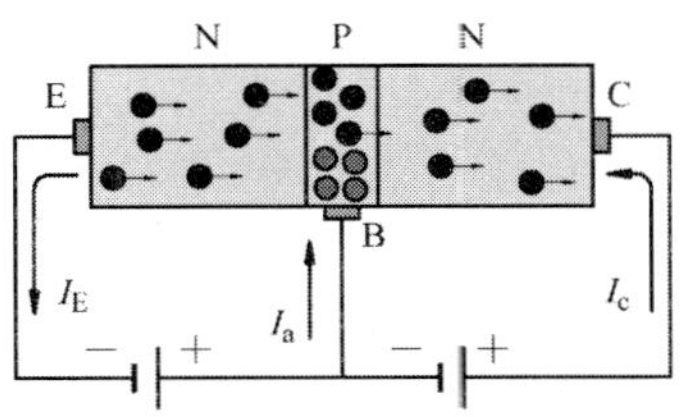

그림 1-19 NPN TR의 작동

② **포토 트랜지스터**(photo transistor) : 트랜지스터의 일종으로 NPN, PNP 접합이 있다. 베이스가 없이(있어도 사용하지 않는다) 빛을 받아 컬렉터 전류가 제어된다. 이미터와 컬렉터 사이에 역방향 전압을 걸고 베이스에 빛을 쪼이면, 빛에 의해 전자가 궤도를 이탈하여 자유전자가 되어 역방향으로 전류가 흐르게 되며, 빛이 강할수록 자유전자 수도 증가되어 더욱 많은 전류가 흐른다.

③ **다링톤 쌍**(darlington pair) : 높은 전류 증폭을 얻기 위해 두 개의 트랜지스터를 하나의 쌍으로 접합하여 소자로 만든 것으로, 1개의 트랜지스터로 2개 분의 증폭효과를 발휘하며 아주 적은 베이스로 큰 전류를 조절할 수 있는 특징이 있다.

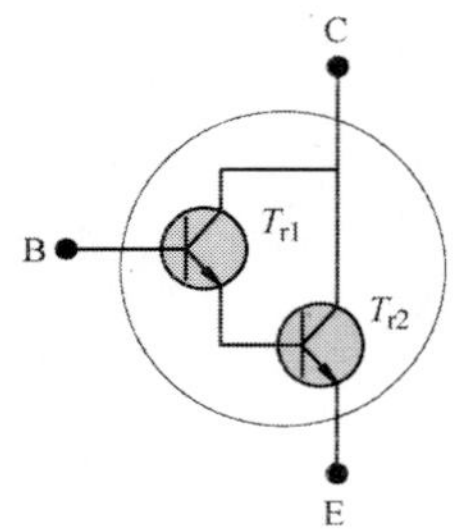

그림 1-20 다링톤 쌍

2. 반도체 소자

1) 서미스터(thermistor)

서미스터란 온도에 따라 저항값이 변화하는 반도체 소자로, 온도가 올라가면 저항값이 커지는 정특성 서미스터(PTC : Positive Temperature Coefficient)와 온도가 올라가면 저항값이 낮아지는 부특성 서미스터(NTC : Negaitive Temperature Coefficient)가 있다. 일반적으로 서미스터는 부특성 소자를 이용하며 냉각수온 센서, 오일 온도센서, 연료잔량 표시 램프, 흡입공기 온도센서 등에 사용된다.

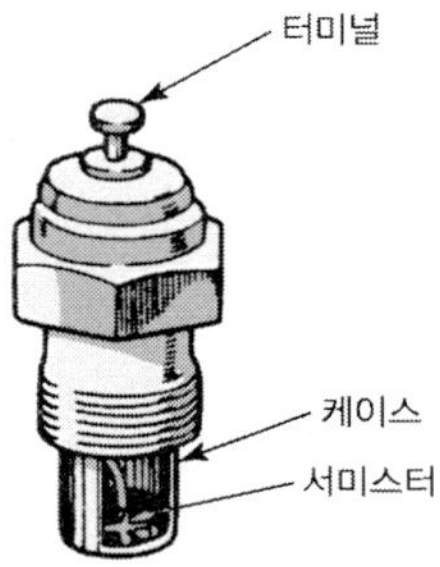

그림 1-21 서미스터 구성

2) 사이리스터(thyrister, SCR)

사이리스터는 SCR(Silicon Controlled Rectifier)이라고도 하며, PNPN 또는 NPNP의 4층 구조로 되어 있다. 단자는 애노드(anode, +), 캐소드(cathode, −) 및 제어단자인 게이트(gate)로 구성되어 있으며 단지 스위칭 작용만 한다. 자동차에서는 축전기 방전식 점화장치, 와이퍼회로 등에서 사용한다.

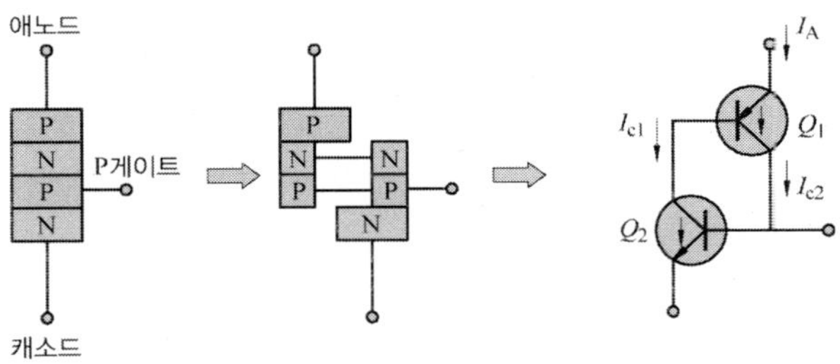

그림 1-22 사이리스터의 이해

3) 광도전 소자(광도전 셀)

광도전 셀은 빛의 조사량에 따라 저항값이 변하는 반도체 소자이다. 종류로는 유화카드뮴(CdS)을 소재로 한 CdS 소자와 유화납(PbS)을 소재로 한 PbS 소자가 있으며, CdS 소자는 가시광선에 대해 감도가 높아 조사량이 증가하면 저항이 감소하고, 조사량이 감소하면 저항은 증가한다. 광도전 셀은 주로 가로등의 자동점멸, 카메라의 노출계 등에 사용한다.

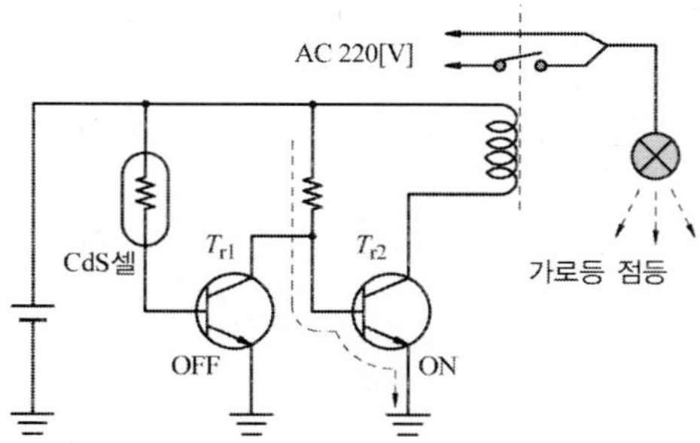

그림 1-23 가로등 점멸회로

4) 홀 소자

홀 소자는 작고 얇게 편평한 판으로 만든 것이며, 전류가 외부 회로를 통하여 이 판에 흐를 때 플레밍의 왼손법칙에 의해 전압이 자속과 전류 방향의 직각 부분으로 판 사이에서 발생한다. 이 전압은 판 사이를 흐르는 전류 밀도와 자속 밀도에 비례하며, 이 자장에 따라 전압이 발생하는 효과를 홀 효과(Hall Effect)라 한다.

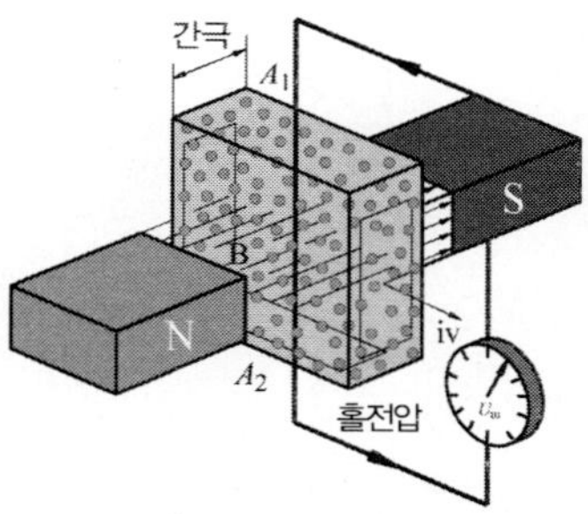

그림 1-24 홀 효과

5) IC(Integrated Circuit)

IC는 여러개의 트랜지스터와 저항 등을 하나의 기판에 설치한 회로이다. IC는 반도체의 급속한 발전에 따라 초소형이며 신뢰성, 내진성, 내구성, 경제성이 우수하나 회로의 선택 및 설계의 자유가 제한된다. IC에는 모놀리식 IC, 후막 IC, 멀티칩 IC, 박막 IC 등이 있다.

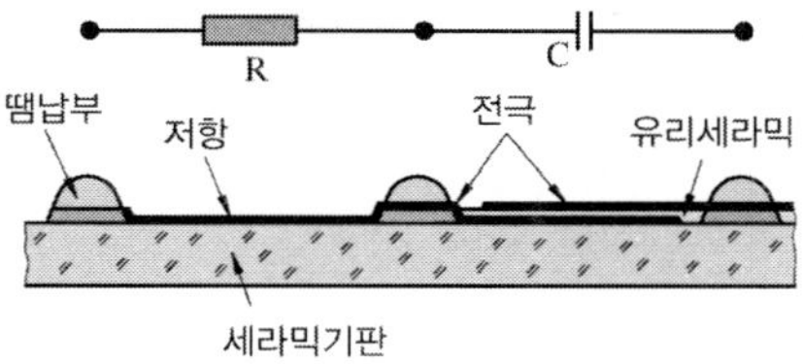

그림 1-25 IC 회로구조

1_ 논리 기본회로

컴퓨터의 논리회로는 컴퓨터가 정보를 처리하기 위한 기본적인 전기 회로로, AND, OR, NOT, NAND, NOR 회로 등이 있다.

1. 논리곱 회로(AND)

논리곱 회로는 A, B 스위치 2개를 직렬로 접속한 회로로, 그림에서 램프가 점등되도록 하려면 스위치 A 또는 스위치 B를 모두 ON시키면 점등된다. 이때 스위치가 ON일 때를 입력 1이라 하고, 스위치가 OFF일 때를 입력 0이라 하며, 출력이 있을 때를 1, 출력이 없을 때를 0이라 한다면 진리표는 다음과 같다.

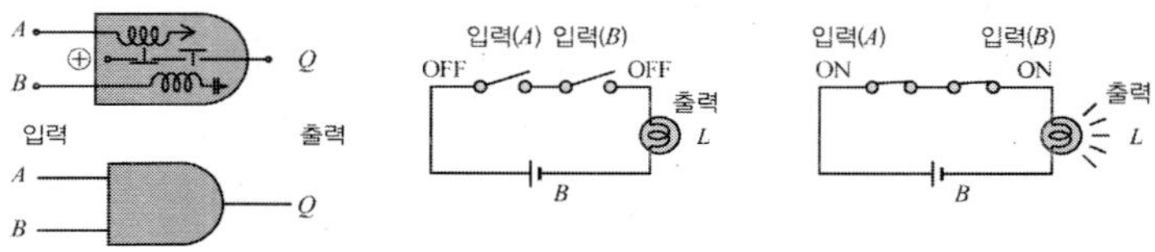

A	B	Q
1	1	1
1	0	0
0	1	0
0	0	0

진리표

그림 1-26 AND 회로의 원리

2. 논리합 회로(OR)

논리합 회로는 A, B 스위치 2개를 병렬로 접속한 회로로 그림에서 램프가 점등되도록 하려면 스위치 A 또는 스위치 B를 모두 ON시키거나 스위치 1개를 ON시키면 점등된다. 이때, 진리표는 다음과 같다.

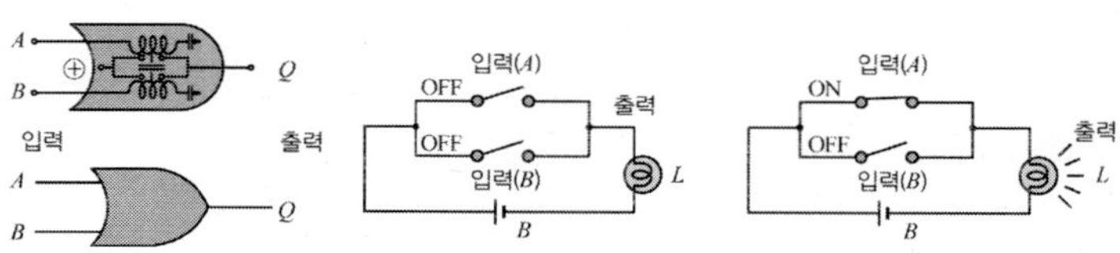

A	B	Q
1	1	1
1	0	1
0	1	1
0	0	0

진리표

그림 1-27 OR 회로의 원리

3. 부정 회로(NOT)

부정 회로는 그림과 같이 입력 스위치 A와 출력의 램프가 병렬로 접속된 회로로 입력 스위치 A가 OFF일 때는 출력의 램프가 점등되고, 입력 스위치 A를 ON시키면 출력의 램프는 소등된다. 이때, 진리표는 다음과 같다.

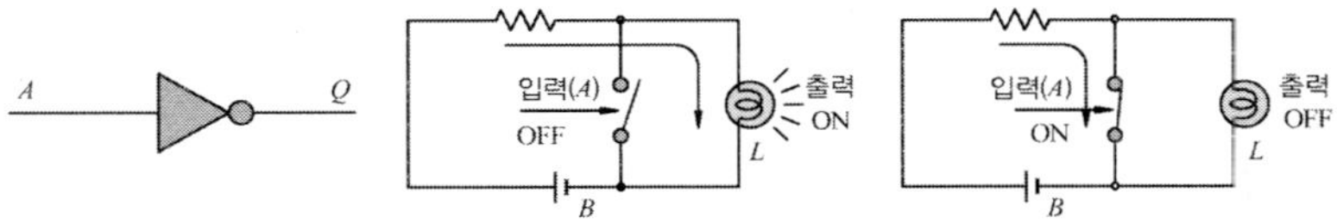

A	Q
1	0
0	1

진리표

그림 1-28 NOT 회로의 원리

4. 부정 논리곱 회로(NAND)

부정 논리곱 회로는 논리곱 회로 뒤에 부정 회로를 접속한 것으로, 입력 스위치 A와 입력 스위치 B가 모두 ON되면 출력은 없다. 또한 입력 스위치 A 또는 입력 스위치 B 중에서 1개가 OFF되거나 입력 스위치 A와 입력 스위치 B가 모두 OFF되면 출력이 된다. 이때 스위치가 ON일 때를 입력 1이라 하고, 스위치가 OFF일 때를 입력 0이라 하며, 출력이 있을 때를 1, 출력이 없을 때를 0이라 한다면 진리표는 다음과 같다.

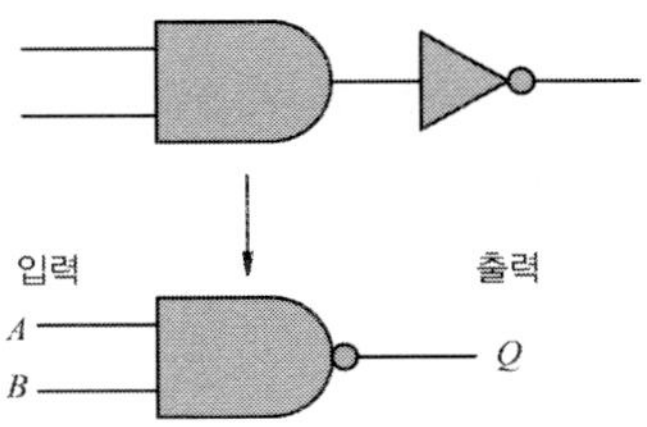

그림 1-29 NAND 회로의 기호

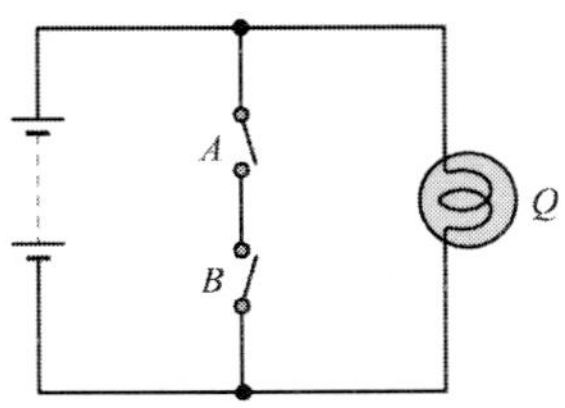

A	B	Q
1	1	0
1	0	1
0	1	1
0	0	1

진리표

그림 1-30 NAND 회로의 작동 원리

5. 부정 논리합 회로(NOR)

부정 논리합 회로는 논리합 회로 뒤에 부정 회로를 접속한 것으로, 입력 스위치 A와 입력 스위치 B가 모두 OFF되어야 출력이 된다. 또한 입력 스위치 A 또는 입력 스위치 B 중에서 1개가 ON이 되거나 입력 스위치 A와 입력 스위치 B가 모두 ON

이 되면 출력은 없다. 이때, 진리표는 다음과 같다.

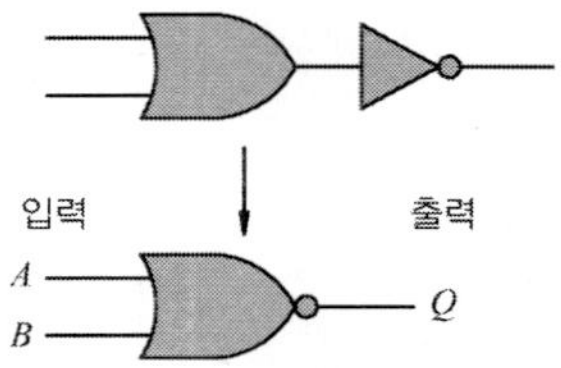

그림 1-31 NOR 회로의 기호

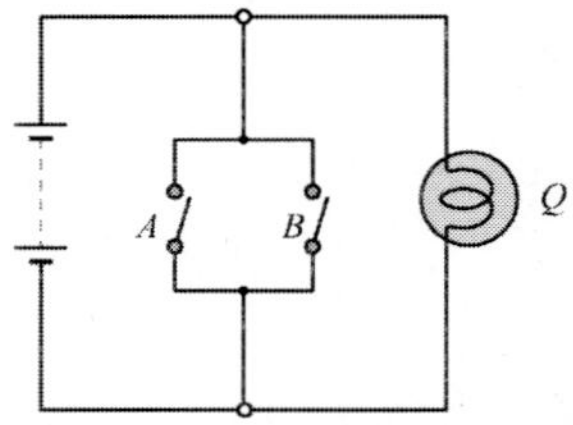

A	B	Q
1	1	0
1	0	0
0	1	0
0	0	1

진리표

그림 1-32 NOR 회로의 작동 원리

2_ 전자제어엔진 컴퓨터(ECU)

각종 센서들의 측정값은 엔진 컴퓨터에 입력되고, 입력된 측정값은 각종 연산 및 처리를 통하여 제어를 한다. 따라서 여기서는 엔진 컴퓨터를 구성하는 컴퓨터시스템에 대하여 알아본다.

1. 전자계산기의 개요

1) 정의

EDPS(Electronic Data Processing System, 전자계산기, 컴퓨터)는 각종자료를 받아들여 복잡한 계산 문제를 처리하고 다량의 데이터 저장과 신속한 업무처리를 위해 만들어진 것으로 전자계산기는 인간의 육체에 해당하는 하드웨어(Hardware)와 정신에 해당하는 소프트웨어(Software)로 구성되어 있다.

2) 특징

신속성, 정확성, 범용성, 호환성, 자동성, 판단기능, 대용량성

3) 시스템(System)의 기본 원리

① 어떤 형태의 규칙적인 상호작용 또는 연관성에 의하여 결합된 물체들의 집합
② 상호 관련성을 갖는 구성요소가 조합되어 어떤 목적을 향하여 유기적으로 결합된 것

③ 시스템의 5대 기능

㉠ 입력(Input) : 처리를 위한 자료

㉡ 처리(Process) : 입력자료로 출력을 위하여 처리하는 것

㉢ 출력(Output) : 처리된 결과

㉣ 피드백(Feed back) : 출력결과가 만족스럽지 않을 때 입력으로 자동 환원하는 것

㉤ 제어(Control) : 입력, 처리, 출력, 피드백의 기능이 정상적으로 이루어지는지 감시하는 역할

2. 전자계산기의 역사

1) 기계화 시작시대

① PASCAL의 치차식 계산기(기계식 수동계산기) – 1642년

프랑스의 수학자이며 철학자인 파스칼은 여러 개의 톱니바퀴(치차)를 이용하여 덧셈과 뺄셈 연산에서 자리올림이 자동적으로 실행되는 기계를 설계 제작하였다.

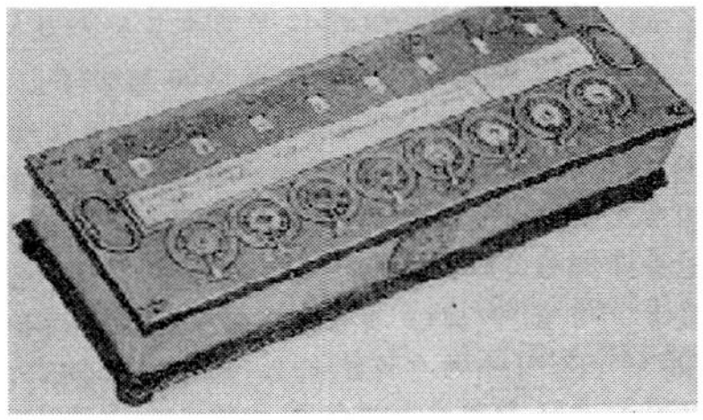

그림 1 – 33 [치차식 계산기]

② Babbage의 해석기관(기계식 자동계산기) – 1834년

㉠ 영국의 수학자인 배비지가 고안한 세계 최초의 범용 자동 디지털 계산기인 해석기관(analytical engine)을 고안했으며, 현대 디지털 컴퓨터의 기본 원리를 모두 포함하고 있지만 당시의 기술적 수준의 미비로 완성시키지는 못했다.

㉡ 전자계산기의 5대 기능(PCS와 Printer : 입출력, Mill : 산술연산, Controlling Mechanism : 제어장치, Store : 기억장치)을 갖추었다.

③ H.Hollerith(천공 카드 시스템) – 1890년

미국의 구세조사기관에서 근무하던 홀러리스가 입출력장치의 원조가 된 것으로

카드 위에 천공된 위치에 따라 고속으로 자료를 분류 집계할 수 있는 PCS(Punch Card System)를 개발하여 미국의 인구조사와 국세 조사에 이용되었다.

그림 1-34 [MARK-I]

④ Mark-1(전기식 자동계산기)-1944년

하버드대학의 H.H.Aiken과 IBM사 공동으로 개발한 세계 최초의 전자 기계식 자동 계산기로서 원자폭탄 개발에 사용되었다.

2) 전자계산기 시대

① 에니악(ENIAC : Electronic Numerical Integrator And Calculator)-1946년

㉠ 미국의 펜실베이니아 대학의 에커트(J.P.Eckart)와 모클리(J.W.Mauchly)가 18,000여 개의 진공관을 이용하여 개발한 세계 최초의 전자계산기로서 미국의 국방 분야에서 사용하기 위해 제작되었다.

그림 1-35 [ENIAC]

㉡ 계산순서를 일일이 손으로 배선판에 재선하는 외부프로그램 방식을 사용하였기 때문에 작업내용에 따라 배선판을 바꾸어 주어야 한다는 단점이 있다.

㉢ 미 육군의 지원으로 포탄의 탄도 계산을 위해 만들어졌다.

② 에드삭(EDSAC : Electronic Delayed Storage Automatic Computer)-1949년

㉠ 영국의 케임 브리지 대학의 모리스(Maurice)와 윌키스(Wilkes)에 의해 만들어진 것으로 2진 개념과 프로그램 내장(Stored Program) 방식을 채택한 최초의 전자계산기이다.

그림 1-36 [EDSAC]

참고

프로그램 내장방식(SPS : Stored Program System) – 1945년

ⓛ 외부프로그램 방식인 ENIAC의 단점을 보완하기 위해 폰 노이만(J Von Neumann)에 의해 제창된 컴퓨터 개념

ⓒ 컴퓨터가 수행해야 할 모든 과정을 프로그램의 형태로 기술하여 기억장치에 저장시켜 놓은 후 그것을 하나씩 꺼내어 순차적으로 실행하도록 하는 방식을 말한다.

ⓡ 현재의 컴퓨터를 폰 노이만형 컴퓨터라 부른다.

③ **유니박**(UNIVAC : UNIVersal Automatic Computer) – 1951년

Von Neumann이 주창한 프로그램 내장 방식을 채택하여 완성시킨 전자 계산기이다.

④ **에드박**(EDVAC : Electronic Discrete Variable Automatic Computer) – 1950년

ⓖ 에커트와 모클리가 개발한 세계 최초의 상업용 계산기로서 미국의 국세 조사에 이용되었다.

ⓛ 보조 기억 장치로서 자기 테이프를 사용하였다.

3. 전자계산기의 세대별 분류

1) 제1세대(1946년~1958년)

① UNIVAC, ENIAC과 같은 초기의 컴퓨터들이 이에 속하며 기억소자로서 진공관(tube)을 사용하였다.

② 기억장치로서 수은 지연 회로를 사용했다.

③ 연산속도는 ms(milli second : 10^{-3} : 1/1000초)이다.

④ 사용언어로는 Machine Language(기계어), Assembly Language가 있다.

⑤ 간단한 수치계산, 통계 및 사무용에 이용되었다.

⑥ 부피가 크고 비용이 많이 들며 수명이 짧다는 단점이 있다.

2) 제2세대(1959~1963년)

① 기억소자로서 Transistor(Tr : 트랜지스터)를 사용했다.

② 주기억 장치로서 Magnetic Core(자기코어, 자심)가 이용되었다.

③ 연산속도는 μ s(micro second : 10^{-6} : 1/100만 초)이다.

④ 사용언어로는 FORTRAN, COBOL, ALGOL 등이 있다.

⑤ 특징은 다음과 같다.

㉠ OS(Operating System)의 도입

㉡ Multi Programming의 실현

㉢ ON－Line Real Time System의 실용화

㉣ M/Drum, M/Disk와 같은 대용량의 보조기억장치

㉤ Data 송·수신의 실용화(Teleprocessing)

3) 제3세대(1964~1971년)

① 기억소자로서 IC(Integrated Circuit : 집적회로)를 사용하였다.

② 연산속도 단위는 ns(nano second : 10^{-9} : 1/10억초)이다.

③ 소프트웨어 개발에 중점을 두었으며, 컴퓨터의 소형화, 경량화, 연산의 고속화가 이루어졌다.

④ 특징은 다음과 같다.

㉠ Time Sharing System이 실현되었다.

㉡ 입·출력 장치로서 OCR, OMR, MICR 등이 개발되어 실용화되었다.

㉢ 프로그램의 호환성이 실현되었다.

㉣ MIS(Management Information System)가 도입되었다.

4) 제4세대(1971년~)

① 기억소자로서 LSI(Large Scale Integrated Circuit : 대규모 집적회로)가 사용되었다.

② 연산속도 단위로는 ps(pico second : 10^{-12} : 1/1조초)이다.

③ 소프트웨어가 비약적으로 발전했으며, Personal Computer(개인용 컴퓨터), Micro Computer가 등장했다.

④ O·S 보유

5) 제5세대

① 기억소자로서 VLSI(Very Large Integrated Circuit : 초 대규모 집적회로)가 사용되었다.

② 연산속도 단위로는 fs(femto second : 10^{-15} : 1/1경 초)

③ 차세대 컴퓨터라고도 부르며, 인간과 동일한 지능을 갖는 인공지능(AI : Artificial Intelligence)의 개념이 도입된 시대이다.

④ 이용분야로는 신경망 회로 이용, 음성 처리의 보완, 고성능 그래픽 처리 등이 있다.

※ 위에서 열거한 전자계산기의 세대별 분류를 정리하면 다음 표와 같다.

구 분	제1세대	제2세대	제3세대	제4세대	제5세대
기억소자	Tube	Transistor	IC	LSI	VLSI
주기억소자	자기드럼	자기코어	집적회로	고밀도집적회로	초고밀도집적회로
연산속도	ms(10^{-3})	μs(10^{-6})	ns(10^{-9})	ps(10^{-12})	fs(10^{-15})
사용언어	기계 중심어 • 기계어 • 어셈블리어	처리 중심 언어 • FORTRAN • COBOL • ALGOL 등	범용언어 • COBOL • BASIC • PL/I	시스템 및 문제중심언어 • PASCAL • C	범용실시간언어 • Ada
이용분야	통계, 집계 등 과학계산	다중프로그램 일괄 처리 실시간 처리	다중처리 TSS 실현	가상 운영체제 병렬처리 방식	가상운영체제 인공지능 전문가 시스템
특 징	• 하드웨어 개발에 중점을 둠 • 전력소모가 크며, 신뢰성이 낮다. • 부피가 크며, 오차가 크다.	• 소프트웨어(OS 및 번역기) 개발에 중점을 둠 • 고속화, 정확성 • 가격, 전력의 축소 • 생산성, 경제성 향상	• MIS의 도입 • OMR, OCR, MICR 등이 개발 • 소형화, 신속화 • 기억용량 증대	• 컴퓨터 네트워크의 개발 • 분산처리 시스템 • 마이크로 프로세서의 출현 • 데이터통신 • 시뮬레이션 기술 확립	• 인공지능 • 음성응답장치 • 퍼지이론 • HA, OA, FA

참고 컴퓨터에서 사용되는 기억 용량 및 시간 단위

기억 용량 단위	처리 속도 단위
킬로 바이트(KB) : 210 ≒ 10^{3}	ms(milli second) : 10^{-3}
메가 바이트(MB) : 220 ≒ 10^{6}	μs(micro second) : 10^{-6}
기가 바이트(GB) : 230 ≒ 10^{9}	ns(nano second) : 10^{-9}
테라 바이트(TB) : 240 ≒ 10^{12}	ps(pico second) : 10^{-12}
페타 바이트(PB) : 250 ≒ 10^{15}	fs(femto second) : 10^{-15}
에사 바이트(EB) : 260 ≒ 10^{18}	as(atto second) : 10^{-18}

4. 컴퓨터의 종류

1) 데이터 표현에 의한 분류

① **아날로그 컴퓨터**(Analog Computer) : 특수목적용 컴퓨터로 길이, 각도, 온도, 전압 등의 연속되는 데이터를 입력하고 이들을 처리한 후에 결과를 미적분 연산에 의해 곡선, 그래프 등으로 나타내어 종이나 모니터에 출력하는 컴퓨터이다.

② **디지털 컴퓨터**(Digital Computer) : 범용성 컴퓨터로 숫자나 문자 등 모든 자료를 코드화한 이산적인 데이터를 사용하여 사칙연산이나 논리연산을 하여 필요한 정밀도까지 결과를 얻을 수 있는 컴퓨터이다.

③ **하이브리드 컴퓨터**(Hybrid Computer) : 아날로그와 디지털의 혼합형인 특수목적용 컴퓨터로 아날로그 컴퓨터의 저렴한 가격, 신속한 처리와 디지털 컴퓨터의 정확성을 취한 컴퓨터로서 A/D변환기, D/A변환기가 내장되어 있다.

	디지털 컴퓨터	아날로그 컴퓨터
입력형식	부호화한 문자, 숫자를 입력	연속되는 물리량으로 데이터를 입력
출력형식	숫자, 문자, 부호 등을 인쇄한다.	곡선, 그래프 등을 인쇄
연산형식	사칙연산(가감승제)을 한다.	병렬연산(미적분)을 한다.
정밀도	필요한 만큼의 자리값까지 구한다.	정도가 제한된다.
프로그래밍	필요하다.	필요하지 않다.
연산속도	느리다.	빠르다.

	디지털 컴퓨터	아날로그 컴퓨터
주요회로	논리회로	증폭회로
기억능력	기억이 용이하고 반영구적	기억이 제약된다.
적용성	범용성(융통성)	단능성(미적분 방정식의 해)
처리대상	과학기술 계산 및 사무계산	미적분 방정식의 해, 시뮬레이션
프로그램 보존	용이하다.	보존이 어렵다.
가격	비교적 고가이다.	비교적 저가이다.

2) 처리능력 의한 분류

① **초대형 컴퓨터**(Super Computer) : 20에서 80MIPS(Million Instruction Per Second)의 속도, CRAY－Ⅱ, STAR－100, CYBER－205, KAICUBE－860

② **대형 컴퓨터**(Main－frame Computer) : 수백만 MIPS의 속도, IBM 370, UNIVAC 1100/10

③ 소형 컴퓨터(Mini Computer) : 4K Word에서 64K Word의 속도, VAX 11 780

④ **초소형 컴퓨터**(Micro Computer) : IBM PC, TRS－80

3) 사용 목적에 따른 분류

① **범용 컴퓨터**(General Purpose Computer)

㉠ 어떠한 업무라도 처리할 수 있도록 설계된 컴퓨터이다.

㉡ 과학계산, 통계처리, 급여업무 처리, 원가계산, 투자계획 등의 업무에 사용된다.

② 특수 목적용 컴퓨터(Special Purpose Computer)

㉠ 특정한 분야에만 사용하기 위하여 한정된 목적하에 설계된 컴퓨터이다.

㉡ 비행기나 미사일의 유도 및 추적, 공장의 공정제어 등에 이용된다.

4) 명령어 형식에 의한 분류

0-주소 명령형식	stack 구조의 컴퓨터
1-주소 명령형식	단일누산기 구조의 컴퓨터
2-주소 명령형식	범용레지스터 구조의 컴퓨터
3-주소 명령형식	범용레지스터 구조의 컴퓨터

5. 자료의 표현

1) 자료의 정의

컴퓨터 운영 중 발생하거나 상태를 표시하는 Information 또는 설치할 때 제공된 프로그램과 사용자가 입력할 프로그램이나 프로그램을 수행하는 데 필요한 데이터

2) 자료의 단위

① Bit(Binary Digit) : 정보를 표현하는 최소단위로 1Bit가 표현하는 형식은 0/1, YES/NO, ON/OFF이다.

② Nibble : 4비트로 구성된 자료이다.

③ Byte : 컴퓨터에 주소를 부여할 수 있는 최소단위로 8개의 Bit로 구성되며 한 Byte는 256개의 서로 다른 문자를 표현한다.

④ Character : Bit의 집합(6 또는 8Bit로 구성)을 말한다.

⑤ Word : 여러 개의 Byte의 모임을 말하며, H/W적인 정보의 단위－HW(Half Word) : 2Byte, FW(Full Word) : 4Byte, DW(Double Word) : 8Byte의 모임을 말한다.

⑥ Field : Byte나 Word가 모여 구성되며 어떤 정보를 전달할 수 있는 최소한의 문자집단을 의미하고 Item이라고도 부른다.

⑦ Record : 여러 개의 Field가 모여 한 개의 Record를 구성(Logical Record, Physical Record)한다.

⑧ File : 여러 개의 Record가 모여 구성(자료의 집합)된다.

⑨ Database : 상호 연관된 데이터의 집합을 말한다.

3) 진법변환

① N진수 → 10진수 : 표현되어 있는 수에 해당하는 자리값을 곱하고 그 값들을 모두 합하면 된다.

② 10진수 → N진수 : 정수부는 각 진수로 나눈 나머지를 역순으로 쓰고 소수부는 각 진수를 곱한 정수부의 결과를 정방향으로 쓴다.

10진수 (Decimal)	2진수 (Binary)	16진수 (Hexadecimal)
0	0000	0
1	0001	1
2	0010	2
3	0011	3
4	0100	4
5	0101	5
6	0110	6
7	111	7
8	1000	8
9	1001	9
10	1010	A
11	1011	B
12	1100	C
13	1101	D
14	1110	E
15	1111	F
16	10000	10
17	10001	11

㉠ 9(10) → 1001(2)

㉡ 1001(2) → 9(10)

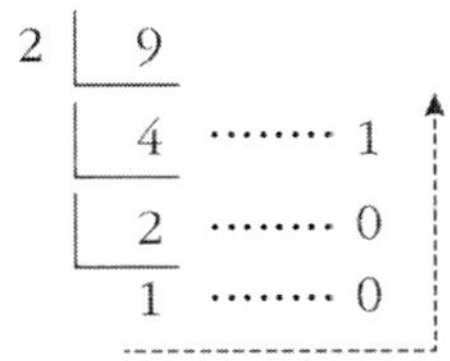

㉢ 30(10) → 11110(2)

㉣ 11110(2) → 30(10)

```
2 | 30
  | 15 ········ 0
  |  7 ········ 1
  |  3 ········ 1
     1 ········ 1
```

㉤ 123(10) → 7B(16)

㉥ 7B(16) → 123(10)

```
16 | 123 ········
       7 ········ 11(B)
```

㉦ 500(10) → 1F4(16)

㉧ 1F4(16) → 500(10)

```
16 | 500
   |  31 ········ 4
       1 ········ 15(F)
```

㉨ 7F(16) → 01111111(2)

7(0111)F(111) = 01111111

㉩ 3D6A921E(16) → 001111010110101010010010 00011110

3D(00111101)6A(01101010)92(10010010)1E(00011110)

= 001111010110101010010010 00011110

㉪ 10101100(2) → AC(16)

4) 보수

완전수를 만들기 위한 보완수

① 부호와 절대치에 의한 표현(Sign magnitude)

㉠ 구성(n Bit의 경우)

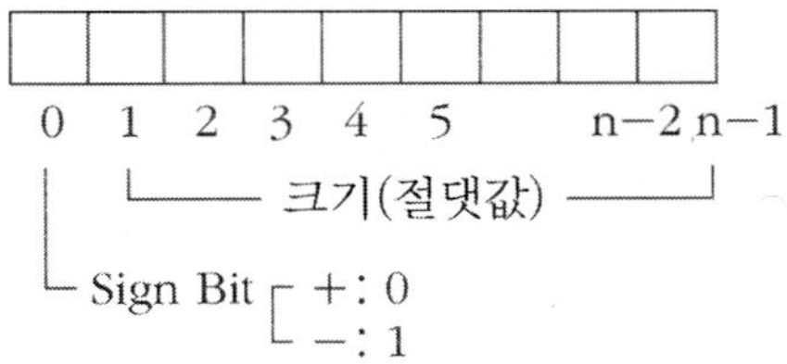

㉡ 표현 범위: $-(2^{n-1}-1) \leq N \leq (2^{n-1}-1)$

② 1의 보수에 의한 표현(1’ s Complement)

㉠ 구성(n Bit의 경우)

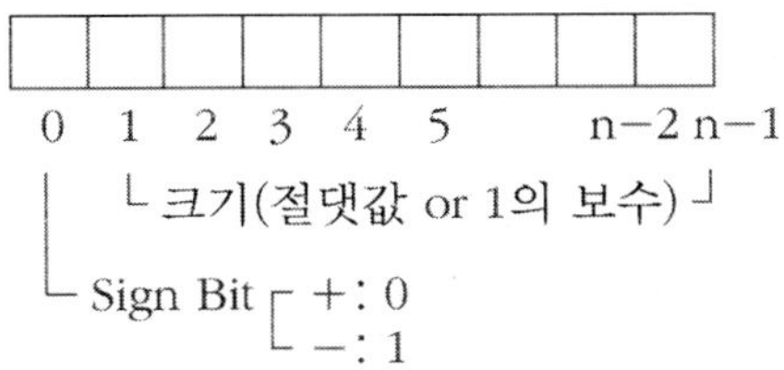

㉡ 표현 범위: $-(2^{n-1}-1) \leq N \leq (2^{n-1}-1)$

③ 2의 보수에 의한 표현(2’ s Complement)

㉠ 구성(n Bit의 경우)

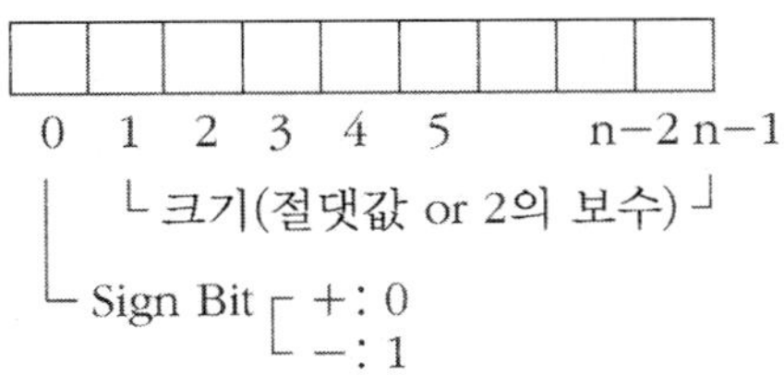

㉡ 표현 범위: $-(2^{n-1}-1) \leq N \leq (2^{n-1}-1)$

(참고) 4Bit 표현의 경우

크기	부호와 절대치	1의 보수	2의 보수
+7	0111	0111	0111
+6	0110	0110	0110
+5	0101	0101	0101
+4	0100	0100	0100
+3	0011	0011	0011
+2	0010	0010	0010
+1	0001	0001	0001
+0	0000	0000	0000
-0	1000	1111	0000
-1	1001	1110	1111
-2	1010	1101	1110
-3	1011	1100	1101
-4	1100	1011	1100
-5	1101	1010	1011
-6	1110	1001	1010
-7	1111	1000	1001
-8	표현불능	표현불능	1000

MEMO

제2편
통신이론

C/O/N/T/E/N/T/S

1_ 정보통신개요

통신이란 멀리 떨어져 있는 상대방과 의사소통을 하기 위한 것으로 한 지점에서 다른 지점까지 의미 있는 정보를 보다 빠르게 상대방이 이해할 수 있도록 전송하는 것을 말한다.

Data Communication	= Data Processing	+ Tele Communication
(데이터 통신)	(자료처리)	(원격통신)

즉, 원격지의 자료를 송수신하여 → Tele Communication ┐
자료를 처리한다 → Data Processing ┘ 의 개념

1. 통신의 개요

1) 통신의 역사

① **기원전** : 벽면에 나뭇가지를 붙여 의사를 전달

② **우리나라** : 솟대, 북, 파발, 횃불(봉수제도), 신호 연 등을 이용

③ **제주도의 정낭** : 집의 대문에 해당하는 출입구에 정낭을 설치하여, 집안의 인적 정보를 외부인에게 알리는 통신 방법

① 정낭 3개 open : 집에 사람이 있음

② 정낭 1개 close : 잠시 외출 중

③ 정낭 2개 close : 이웃마을에 출타 중	④ 정낭 3개 close : 집에서 멀리 출타 중

2) 정보통신의 특징

통신기기와 기기 사이의 전달개념이 아닌 사람과 사람 사이의 의사 전달에 컴퓨터를 이용한다는 것으로서 다음과 같은 특징이 있다.

① 중앙 컴퓨터(Host Computer)와 터미널과의 통신
② 사람과 컴퓨터와의 통신
③ 컴퓨터로 처리 가능한 자료여야 한다.
④ 대량의 자료를 저장할 수 있어야 한다.
⑤ 전송되는 자료의 양과 속도가 커야 한다.

3) 정보통신의 기본요소

① 송수신 측의 장비 또는 사람
② 전달하려는 장비
③ 전달하는 매체

2. 정보통신의 발달과정

1) 전송회선에 따른 발달과정

① **음성용 전용회선을 이용한 저속 및 중속 데이터 전송단계** : 송신 측에서 디지털 형태의 데이터를 아날로그 전송 시스템에 전송되도록 아날로그 형태로 변조한 후 수신 측에서 복조하여 원래의 디지털 형태로 변환하여 사용하게 된 단계

② **공중용 전화망을 개방하여 데이터를 전송한 단계**: 공중용 통신회선인 가입전화 또는 가입전신 교환망을 데이터 전송에 이용하는 단계로서 공중 전화망의 개방은 정보화 사회로 발전되는 계기를 가져다 주게 되었다.

③ **광대역 데이터 전송회선을 이용하여 데이터를 전송한 단계**

㉠ 기존의 음성 통화 대역인 4KHZ(3,400HZ)의 데이터 전송속도의 한계를 극복하여 10Kbps 이상의 속도로 전송한 단계이다.

㉡ 음성 12회선이나 60회선 등의 광대역 아날로그 회선을 사용하였으며 광대역 변조기가 필요하였다.

④ **디지털 전용회선을 구축하여 전송한 단계**

㉠ 사람의 음성을 디지털화하여 보내는 PCM방식에 이용되는 디지털 기술을 데이터 전송에 적용시켜 이용한 단계이다.

㉡ 아날로그 방식에 비해 통신속도가 빨라졌고 고품질의 정보를 전송할 수 있게 되었다.

⑤ **데이터 전용 교환망을 구축하여 전송한 단계**: 데이터 회선교환방식과 패킷교환방식을 이용한 단계

⑥ **종합 통신망을 구축하여 전송하는 단계**: 전송회로와의 교환방식이 디지털화되어 모든 통신(전화, 가입전신, 팩시밀리, 비디오 텍스, 텔리텍스)이 단일 교환망에서 처리될 수 있는 종합정보통신망을 구축하여 처리, 전송하는 단계이다.

2) 전기통신의 종류

① **전신**: 유선으로 연결된 두 지점 사이에 전기적인 펄스 형태로 전송

예 모스(morse) 전신기: K5 광고(— - — - - - - - -)

② **유선 통신**: 유선통신이란 송, 수신 양자가 전선을 사용하여 정보를 전달하며 1 : 1 통신이 원칙이다. 우리가 사용하는 대부분이 유선 통신방식이며, 전신, 전화, 자동차 전기통신 등이 여기에 해당한다.

예 전화(telephone) = tele(멀리) + phone(음)

종 류	꼬임 2선로 	동축케이블 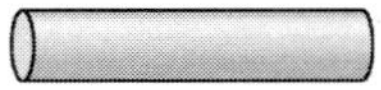	광섬유 케이블 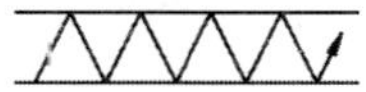
적용속도	늦다	저속	고속
비 용	양호	보통	고가
거 리	단거리	중거리	장거리

③ **무선 통신** : 무선통신은 통신선이 없이 무선 주파수를 이용하여 정보를 전달하는 방식으로, 무전기, 휴대폰, 자동차 리모컨, 이모빌라이저 안테나 코일, 스마트 키 LF 안테나 등에 이용된다.

④ **정보 통신** : 데이터 통신 시스템을 의미하며, 컴퓨터의 발달로 컴퓨터 통신 네트워크를 의미

3) 통신 시스템의 발달과정

① SAGE(Semi-Automatic Ground Environment) : 1958년 반자동 방공용 지령 제어 시스템으로 만든 최초의 데이터 통신 시스템이다.

② SABRE(Semi-Automatic Business Research Environment) : 1961년부터 개발하기 시작하여 1964년에 완성한 최초의 항공기 좌석 예약 시스템이다.

③ CTSS(Compatible Time-Sharing System) : 1961년에 만든 최초의 대학 교내 시스템이다.

④ ARPA(Advanced Research Project Agency) : 1968~1971년에 미 국방성 고등연구계획국에서 만든 최초의 컴퓨터 통신망이며 또한 최초로 패킷교환방식을 사용하여 데이터를 전송하였다.

⑤ ALOHA(Additive Links On line Hawaii Area) : 1968년에 만든 최초의 무선 패킷교환통신망이다.

⑥ SNA(System Network Architecture) : 1974년에 만든 컴퓨터 간의 접속을 용이하게 하고 이용형태의 다양화, 복잡화에 대처하기 위해 체계화된 네트워크 구조(Network Architecture)이다.

4) 통신 서비스의 분류

① **문자통신** : 전신, 텔렉스, 텔리텍스

② **음성통신** : 전화, 방송, 무선호출, 무선전화

③ **화상통신** : TV, 팩시밀리, 비디오텍스, CATV(Cable TV), VRS

④ **데이터통신** : 컴퓨터와 컴퓨터
컴퓨터와 단말기
단말기와 단말기
근거리 통신망(LAN)
부가가치 통신망
종합정보 통신망

2_ 정보통신 시스템의 기본구성

1. 정보통신 시스템의 정의

어떤 지점에서 다른 지점으로 거리의 원근을 막론하고 지역적으로 분산된 장소에서 발생하는 자료들을 서비스 회선을 통해 주 컴퓨터로 전송, 보관, 처리하여 필요에 따라 각각의 원격지 단말기에 결과를 전송하는 시스템

2. 정보통신 시스템의 기본구성

1) 정보통신 시스템의 분류

정보통신 시스템은 데이터 전송 시스템과 데이터 처리 시스템으로 구성되어 있다.

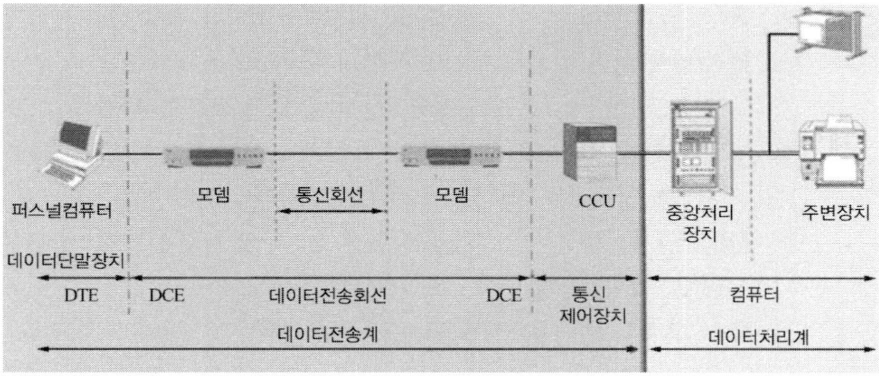

* DTE : Data Terminal Equipment(데이터 단말장치)
DCE : Data Circuit terminating Equipment(데이터 회선 종단장치)

① 처리, 가공, 이동에 따른 분류

- 데이터 전송계
  - 단말장치
  - 데이터 전송회선
    - 전송변환장치(모뎀)
    - 통신회선
  - 통신 제어장치
- 데이터 처리계 ── 컴퓨터
  - 중앙 제어장치
  - 주변장치

② 데이터 처리 관련 장비에 따른 분류

- 단말장치
- 통신 제어장치
- 컴퓨터

③ 데이터 전송 관련 장비에 따른 분류

- DTE : 데이터 단말장비(단말장치, 통신 제어장치, 컴퓨터)
- DCE : 데이터 회선 종단 장비(신호 변환기)

2) 데이터 전송계의 장치

① 데이터 단말장치(Data Terminal Equipment, DTE) : 데이터 단말장치는 데이터 통신

시스템과 사용자와의 접점에 위치하며 데이터를 데이터 통신 시스템에 보내거나 시스템에서 처리 가공된 데이터를 여러 사용자에게 보내주는 창구이다.

단말장치가 전화기인 경우, 음성을 전기신호로, 전기를 음성신호로 변환하고, PC인 경우, 전송하여야 할 문자, 화상, 음성 등을 전기신호로 변환시키거나 수신된 전기신호를 원래의 정보형태로 복원시키는 역할을 한다.

㉠ 전용 단말기 : 특정한 업무에 사용하기 편리하도록 설계, 제작된 단말기로 입력전용, 출력전용이 있다.

용도 : 은행용, 예약용, 창구 회계용, POS 단말기, 교육용

㉡ 범용 단말기 : 자료를 입력하기 위한 키보드와 출력을 위한 기능을 갖추며 입출력에 특별한 제약이 없는 단말기(CRT)를 말한다

ⓐ 원격일괄 단말기(Remote Batch Terminal) : 원격지로부터의 일괄처리에 사용되는 단말기로 Dump 단말기라고도 부르며, 고속회선으로 연결된다.

ⓑ 지능 단말기(Intelligent Terminal) : 입출력 및 연산이 가능한 단말기로 Host Computer와의 접속을 단절하고(off－com 상태에서) 단말기 자체만으로도 연산이 가능한 단말기

② **데이터 회선 종단장치**(Data Circuit terminating Equipment, DCE) : 아날로그 회선인 경우 모뎀(Modem)이, 디지털 회선인 경우 디지털 서비스 장치(Digital Service Unit, DSU)가 이용되며 통신회선은 전송매체로 유선인 경우 꼬임 2선로, 동축 케이블, 광섬유를, 무선인 경우 마이크로파, 위성 마이크로파, 이동 마이크로파 등을 통해 전송한다.

㉠ 기능

ⓐ 통신회선과 단말기 사이에 설치되어 변복조하는 장치 즉, 디지털 신호를 아날로그 신호(변조)로 또는 아날로그 신호를 디지털 신호로 변환(복조)하는 장치

ⓑ 신호변환, 오류검출 및 정정 등의 기능이 있다

㉡ 위치

ⓐ 단말기와 통신회선 사이

ⓑ 통신 제어장치와 통신회선 사이

③ **통신회선** : 터미널과 컴퓨터 사이, 터미널과 터미널 사이, 컴퓨터와 컴퓨터 사이

에서 자료를 송수신할 때 연결시켜 주는 통로 기능을 하는 회선으로 전화선, 케이블, 광섬유, Micro Wave, 통신위성 등이 사용된다.

※ 모뎀과 통신회선을 합하여 데이터 전송회선이라 한다.

④ 통신 제어장치(Communication Control service Unit, CCU)

㉠ 정의 : 프로토콜에 따라 정보의 송수신을 행하여 공동의 통신회선 관리를 수행하는 장치

㉡ 위치 : 회선 접속장치(모뎀과 통신회선)와 함께 통신 제어장치를 구성하며 컴퓨터 입출력 채널과 회선접속장치 사이에 위치

㉢ 기능

ⓐ 문자의 조립, 분해

ⓑ 데이터 전송회선과의 인터페이스(Interface)

ⓒ 버퍼링(Buffering)

ⓓ 오류검출 및 오류검출용 비트 부가

ⓔ 데이터 전송제어

ⓕ 회선의 감기 및 접속제어

㉣ 종류

ⓐ CCE(Communication Control Equipment) : 컴퓨터와 모뎀 사이에 위치하여 단말기와의 제어, 정보신호의 제어를 실행하는 장치. 통신 제어장치의 일부 기능을 수행한다.

ⓑ CCP(Computer Control Processor) : CCE보다 더 나은 기능을 갖는 장치이다.

㉤ 통신 제어장치의 작업과정

ⓐ 메시지 버퍼 방식인 경우 : 회선 접속부에서의 작업과 회선 제어부에서의 작업으로 나누어 작업한다.

회선 접속부에서의 작업	신호의 형식에 맞추어 접속조건을 갖추고 수신 데이터를 비트 샘플링한다.
회선 제어부에서의 작업	수신한 비트로부터 문자조립 → 오류검사 → 블록조립 → 오류검사 → 메시지조립 → HOST 컴퓨터로 전송

ⓑ 문자방식인 경우 : 메시지 버퍼 방식에서의 문자조립, 검사까지의 기능만 수행하고 나머지 기능은 HOST 컴퓨터가 수행하는 방식

⑤ **중앙 컴퓨터**(Host Computer) : 통신 제어 프로그램이 주기억장치에 상주되어 CCU로부터 입력된 자료를 처리하고 통신 시스템 전체를 통제하며 대용량의 파일 기억장치를 가지고 있어야 한다.

1_ 전송회선의 종류와 특성

1. 전송회선의 종류

1) 모뎀 사이 전송로의 접속 형식에 따른 분류

2선식, 4선식, 군별 2선식

2) 통신 방식에 따른 분류

전이중, 반이중, 단방향방식

3) 회선망 형태에 따른 분류

직통회선, 분기회선, 집중분기회선, 주파수분할 다중회선, 시분할 다중회선, 교환회선(회선 교환망, 메시지 교환망, 패킷 교환망)

4) 데이터 형태에 따른 분류

아날로그 회선, 디지털 회선

5) 제도상 분류

가입 전화회선, 전화형 공중 통신회선

6) 전송방법에 의한 분류

직렬통신, 병렬통신

7) 전송 시작방법에 의한 분류

비동기통신, 동기통신

2. 전송회선의 특성

1) 2선식(Two-Wire)

① 모뎀과 모뎀 사이의 회선을 한 벌의 케이블로 연결한 방식
② 동시 송수신이 불가능

2) 4선식(Fore – Wire)

① 모뎀과 모뎀 사이의 회선을 두 벌의 케이블로 연결한 방식
② 동시 송수신이 가능

3) 군별 2선식

① 변조된 주파수를 송수신으로 분리하는 필터(Filter)를 사용
② 동시 송수신이 가능

4) 전이중(Full Duplex) 방식

① 단말기 양쪽에서 동시에 송수신할 수 있는 방식
② 회선의 제한이 적다.
③ 전화 등에서의 통신방식
④ 4선식 사용
⑤ 비용이 많이 든다.

5) 반이중(Half Duplex) 방식

① 양쪽에서 송수신할 수 있으나 동시에는 불가능한 방식
② 회선의 제한이 있다.
③ 전신, Telex, FAX, 휴대용 무선 통신기 등에서의 통신방식
④ 모뎀이 수신과 송신을 교대로 전환한다.
⑤ 반송 반전 지연시간(전송을 일시적으로 중단하게 하는 시간)을 가진다.
⑥ 2선식 사용

6) 단방향(Simplex) 방식

① 한쪽에서는 송신만, 다른 쪽에서는 수신만 가능한 방식
② 라디오, TV 등에서의 통신방식
③ 2선식 사용
④ 소량의 자료를 전송할 때 유리하다.

분 류	내 용	사용 예
단방향 통신	정보의 흐름이 한 방향으로 일정하게 전달되는 방식	라디오, TV
반이중 통신	정보의 흐름을 교환함으로써 양방향 통신을 할 수는 있지만 동시에는 양방향 통신을 할 수 없음	워키토키(무전기)
시리얼 통신	1선으로 단방향, 양방향 모두 통신 가능	자동차 자기진단 단자
양방향 통신	정보의 흐름이 동시에 양방향으로 전달되는 통신방식	전화기

7) 직통회선

① 단말기 사이의 회선을 고정시켜 전용으로 사용하는 방식
② 전송량이 많은 경우에 알맞다.
③ 설치비용 및 회선 사용료가 많이 든다.
④ 보수가 쉽다.

8) 분기회선

① 하나의 회선상에 여러 대의 터미널을 연결한 방식이다.
② Polling에 의하여 데이터 전송을 수행하며 단방향 분기식과 양방향 분기식이 있다.
③ 전송거리가 길고 정보량이 적을 때 유리하다.
④ 제어 및 보수가 복잡하다.

9) 집중 분기회선

① 통신을 실시하려는 단말기에만 접속시키기 위해 집중장치를 중간에 설치하고 복수 단말기로부터의 회선을 고속회선으로 묶어 통신하는 회선방식이다.
② 각 단말기에서 데이터의 교통량이 적은 경우 유리하다.

10) 주파수분할 다중회선(FDM : Frequency Division Multiplex)

① 회선에 필터(Filter)를 사용하며 주파수 대역으로 분할하여 동시에 복수개의 통신이 가능하도록 한 회선방식이다.

② 아날로그 전송방식이며 군별 2선식을 사용한다.

11) 시분할 다중회선(TDM : Time Division Multiplex)

① 속도가 느린 복수개의 데이터 신호를 시간적으로 분할하여 고속으로 전송하는 회선방식이다.

② 디지털 방식으로 전송

12) 회선교환방식

① 교환기에 의해 양쪽기기 사이에 회선을 접속하며 회선설정이 정해지면서 버퍼 사이에 계속 연결하여 송수신이 되는 방식

② 전송량이 많고 단시간 사용할 때에 비용이 적게 든다.

③ 짧고 불연속적인 전송을 한다.

④ 전송된 데이터는 저장되지 않는다.

⑤ 컴퓨터 교환기에 의해 교환되며 실시간 대화 방식에 응용된다.

⑥ 전송속도나 코드를 변환할 수 있다.

⑦ POINT TO POINT 방식으로 연결된다.

13) 축적교환방식

송신 측과 수신 측을 직접 연결하지 않고 송신 측에서 데이터를 일단 컴퓨터 교환기에 축적한 다음 수신 측과 연결하여 수신부호 등을 식별 확인한 후 데이터를 송신하는 방식이다. 메시지 교환방식과 패킷교환방식이 있다.

① 메시지 교환방식

㉠ 보조기억장치에 연결하여 전송

㉡ 메시지 교환센터에 의해 전송 : 메시지마다 경로가 다르다.

㉢ 일반메시지를 전송하며 음성전송 교환보다 비용이 저렴하다.

㉣ 통신망에서 속도, 코드변환을 담당한다.

㉤ 일괄처리(Batch)용에 적용한다.

㉥ Multidrop 방식으로 방송 및 다목적지 전송이 가능하다.

㉦ 저장 후 검색이 가능하다.

㉧ 메시지의 구성 : 표제부(Header), 문서부(Text)

② **패킷 교환방식**

㉠ 보조기억장치에 연결하여 전송한다.

㉡ 패킷마다 경로가 다르다.

㉢ 단시간 전송인 경우 음성전송 교환보다 비용이 저렴하다.

㉣ 통신망에서 속도, 코드 변환을 담당한다.

㉤ 실시간 대화가 가능하다.

㉥ Multidrop 방식이 불가능하다.

㉦ 일시적으로 저장하므로 검색이 불가능하다.

14) 아날로그 회선

아날로그 신호로 변환시키는 것을 변조(modulation), 원래의 신호로 추출하는 것을 복조(demodulation)라 한다.

① 연속적인 변화를 갖는 신호를 전송하는 회선

② 단말기로부터 나온 디지털 신호는 아날로그 신호로 변환되어 전송되고 수신 측에서 디지털 신호로 변환된다(모뎀 사용).

③ 통신회선은 전화회선망을 사용한다.

④ 전송속도는 50~9,600bps 정도이다.

15) 디지털 회선

디지털 신호로 변환시키는 것을 부호화(encoding), 원래의 신호로 추출하는 것을 복호화(decoding)라 한다.

① 이산적인 변화를 갖는 신호를 전송하는 회선

② 전기신호가 “1”과 “0”의 신호만을 전송하는 회선이다.

③ PCM 회선 사용

④ MODEM 대신 DSU나 CSU를 사용한다.

⑤ 전송속도는 1.544Mbps 정도이다.

16) 가입 전화회선

① 전화 교환망을 이용하여 전송한다.
② 컴퓨터 본체와는 연결하지 않는다.
③ 1,200 Bit/S까지 전송 가능하다.

17) 전화형 공중 통신회선

① 전화 교환망을 이용하여 전송한다.
② 컴퓨터 본체와 연결한다.

18) 직렬 통신과 병렬 통신

구 분	직렬(serial) 통신	병렬(parallel) 통신
기능	한 개의 데이터 전송용 라인이 존재, 한번에 한 bit씩 순차적으로 전송하는 방식	여러 개의 데이터 전송라인이 존재, 다수의 bit가 한번에 전송하는 방식
장점	구현하기 쉽고, 원거리 전송의 경우 통신회선이 1개만 필요하므로 경제적이며 장거리 전송이 가능	전송속도가 직렬통신에 비해 빠르며 컴퓨터와 주변장치 사이의 data 전송에 효과적
단점	전송속도가 느리다. 직/병렬 변환 로직이 있어야 하므로 복잡하다.	거리가 멀어지면 전송선로의 비용이 증가하고, 전기적인 간섭현상으로 단거리에 사용

① **직렬**(serial) **통신** : 하나의 선을 이용하여 다수의 데이터를 일렬(직렬)로 전송하는 것으로 여러 가지 작동 데이터가 동시에 출력되지 못하고 순차적으로 데이터를 송·수신한다는 의미이다. 즉, 동시에 2개의 신호가 검출될 경우 우선순위인 데이터만 인정하고 나머지 데이터는 무시한다. 일반적으로 데이터를 주고받는 통신은 직렬통신이 많이 사용된다.

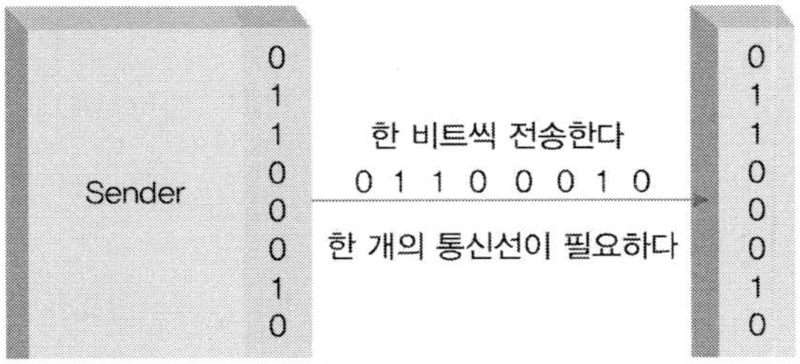

② **병렬**(parallel) **통신** : 보내고자 하는 신호(또는 문자)를 몇 개의 회로로 나누어서 동시에 전송하게 되므로 전송이 신속하나, 회선 및 단말기 설치 비용이 직렬통신에 비해 많이 소요된다.

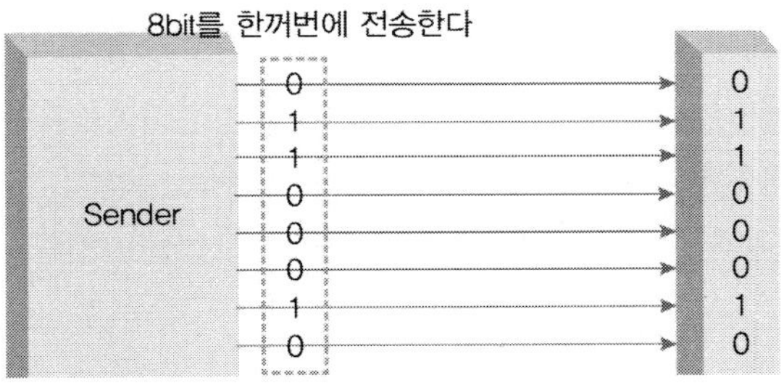

19) 비동기 통신과 동기 통신

① **비동기 통신**(start – stop 전송) : 비동기 통신은 데이터를 보낼 때 한 번에 한 문자씩 전송하는 방식이다. 즉, 매 문자마다 start bit, stop bit를 부여하여 정확한 데이터를 전송하는 방식으로, 수신부는 다음 데이터가 언제부터 시작되는지 알 수 없다. 차량에 적용된 비동기 통신(CAN)은 통신선의 단선이나 단락에 의한 고장이 발생하여 시스템이 작동되지 않는 것을 방지하기 위하여 2선(CAN – Hi, CAN – Low)으로 되어 있다. 즉, 1선에 고장이 발생하여도 또 다른 선에 의해 정상적인 통신이 가능하도록 되어 있다. 또한 비동기 방식은 전압의 저하, Noise 유입이나 그 밖의 문제들로 인해 전송 도중에 방해를 받아 bit의 추가나 손실이 될 수 있다.

예 CAN 통신, LIN 통신

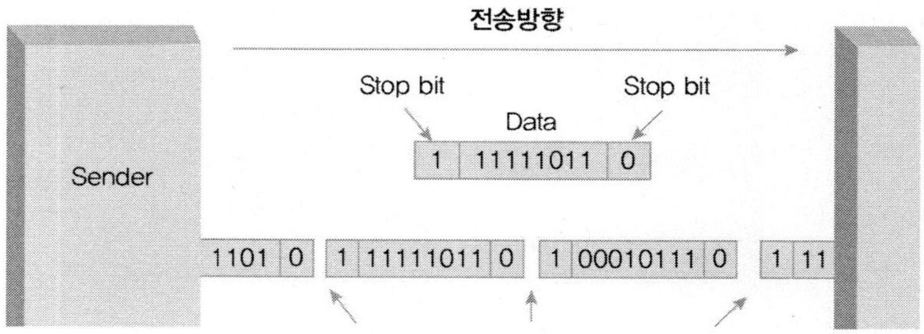

② **동기 통신** : 동기 통신은 송신 쪽과 수신 쪽이 사용하는 클록 신호의 타이밍이 일치하도록 전송하는 방식으로 문자나 bit들이 시작과 정지코드 없이 전송되며, 각 bit의 정확한 출발과 도착시간에 대한 예측이 가능하다. 그러나 데이터를 주는 ECM과 받는 ECM의 시간적 차이를 막기 위해 별도의 SCK(clock 회선)를 반드시 설치하거나, 데이터 신호 내에 clock 정보를 포함시켜야 한다(예 3선 동기 통신). 비동기 방식과 달리 start bit, stop bit를 사용하지 않으므로 흔히 프레임이라 부르는 데이터 블록을 만들어서 블록단위로 전송하며, 수신기가 각 데이터 블록의 시작과 끝을 정확히 인식할 수 있는 데이터 블록 동기 또는 프레임 동기가 필요하다.

* SCK : Serial Clock

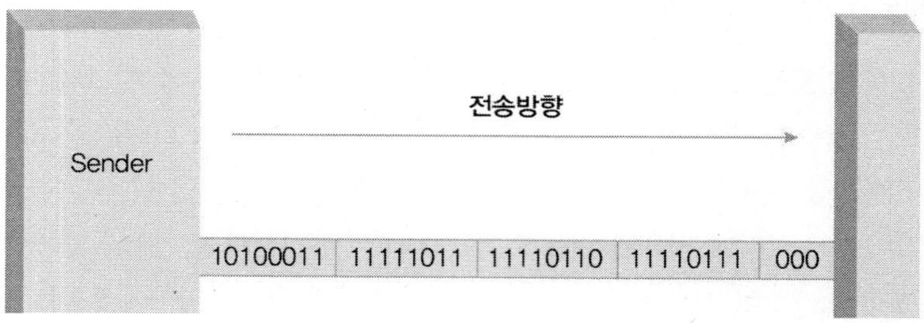

2_ 통신속도와 통신용량

1. 개요

통신속도란 단위시간당 전송되는 정보량을 말하며 기본단위는 2진수 즉, bit이다.

1) 통신속도 단위

① bps

㉠ bits per second의 약자

㉡ 1초간에 전송할 수 있는 비트수를 말한다.

㉢ 단위는 bps(또는 bit/초 또는 bit/s)로 표기한다.

㉣ 데이터(전송) 속도단위로 사용한다.

② baud(보)

㉠ 매초당 신호 또는 상태변환의 수를 나타내는 단위이다.

㉡ 변조속도 단위로 사용한다.

2) 통신속도 표시방법

① 데이터 신호속도

② 변조속도

③ 데이터 전송속도

④ bearer 속도

2. 데이터 신호속도

① 전체 통신회선을 통하여 전송되는 매초당 비트수 즉, 부호를 구성하고 있는 비트가 1초간에 얼마나 전송되는가를 나타낸다.

② 단위로는 bps를 사용한다.

③ 데이터 신호(전송)속도를 구하는 수식

$$S-=\sum_{i=1}^{m}\left(\frac{1}{T_i}\right)\mathrm{Log}_2\ \mathrm{n_i}\ \mathrm{bps}$$

1) 병렬전송의 경우

ni = 4이면 $\log_2 4 = 2$이므로 2bit를 전달

ni = 8이면 $\log_2 8 = 3$이므로 3bit를 전달

따라서 $\left(\frac{1}{T_i}\right)$Log2 ni는 i번째 통신회선을 통하여 전달되는 전송 비트수이다.

2) 전송로의 수는 직렬이므로 항상 1개이고, 펄스 1개가 갖는 값은 두 개(0과 1)이므로

$$S=\left(\frac{1}{T}\right)\log_2 2\text{은 }\left(\frac{1}{T}\right)\text{와 같다}(m=1,\ ni=2\text{개}).$$

3. 변조속도

1) 신호의 변조과정에 있어서 1초 동안에 변조가 몇 번 일어나는가를 나타내는 속도이다.

2) **단위** : baud

3) **변조속도를 구하는 식**

$$B=\frac{1}{T}$$

T : 변조되는 순간의 지속시간(단위펄스의 시간길이)

4) 1회의 상태변환에서 0 또는 1의 두 가지 값을 표현하는 경우에 변조속도와 데이터 전송속도는 같으나 본질적으로는 큰 차이가 있다.

5) 4위상 변조에서는 1회의 위상변화가 4가지 상태(00, 01, 10, 11)인데, 이 4가지 상태는 2bit에 해당된다. 그러므로 1,200baud 모뎀에서의 데이터 전송속도는 2,400 bps가 된다.(시간길이 T=833×10－6 초의 단위펄스일 때)

$$S=\frac{1}{T}\log_2 4=\frac{1}{833\times10^{-6}}\times2=2{,}400bps$$

$$B=\frac{1}{T}\log_2 4=\frac{1}{833\times10^{-6}}\times2=2{,}400baud$$

그러므로 4위상 변조에서는 1,200baud의 변조속도와 2,400bps의 데이터 신호속도로 나타낸다. 예를 들면, 8위상 변조에서 1,600baud의 변조속도는 4,800bps이고, 16위상 변조에서 2,400baud의 변조속도는 9,600bps가 된다.

4. 데이터 전송속도

1) 데이터 전송 시스템에 있어 대응하는 장치 사이에 전송되는 단위 시간당의 비트, 문자, 블록수를 나타내는 데 이용한다.

2) 단위 시간으로는 초, 분, 시간을 사용한다.

5. 베어러(Bearer) 속도

1) 기저대(Base Band) 전송방식에 있어서 상태신호, 동기신호, 데이터 신호 등을 포함한 속도를 말한다.

2) **단위** : bps

3) DTE－DCE 인터페이스에서는 상태신호 비트 1개, 동기신호 비트 1개, 데이터 신호 비트 6개로 구성된다(CCITT X.20, X.21 규정).

3_ 전송방식의 종류와 특성

1. 전송방식의 종류

1) 베이스밴드 신호 전송방식

단류방식, 복류방식, 바이폴라방식, 차분방식, CMI 방식, 다이코드 방식, RZ 방식, NRZ 방식

2) 대역 전송방식

진폭 편이 변조방식, 주파수 편이 변조방식, 위상 편이 변조방식, 진폭 위상 편이 변조방식

3) 다중화 전송방식

동기식 시분할 방식, 비동기식 시분할 방식, 주파수 분할 방식

4) PCM 전송방식

2. 전송방식 종류별 특성

1) 베이스밴드(Base Band) 신호 전송방식

베이스밴드 신호(직류신호)란 디지털 형태로 표시되는 컴퓨터나 단말기의 출력신호를 말하는데, 이 신호를 변조하지 않고 그대로 전송하는 방식을 말한다. 직류를 사용하므로 장거리 전송에는 적당하지 않으며 컴퓨터 단말기의 통신, 근거리 통신, 펄스 부호 변조(PCM) 방식의 통신에 사용된다.

① 단류 방식

㉠ 0은 0으로, 1은 + 전압 또는 − 전압으로 대응시킨 신호로 전송하는 방식이다.

㉡ 수신 측에서 0 또는 1의 판정기준은 1에 대응하는 전압의 1/2이 가장 적당

㉢ 단점 : 잡음에 약하기 때문에 근거리 전송에 사용한다.

② 복류 방식

㉠ 0은 + 전압으로 1은 − 전압으로 대응시킨 신호로 전송하는 방식이다.

㉡ 수신측에서 0 또는 1의 판정기준은 전위 0에 고정한다.

㉢ 장점 : 전위 0에 고정하므로 안전한 전송이 가능하다.

③ 바이폴라(Bipolar) 방식

㉠ 0일 때는 상태 변화없이 전위 0상태를 유지하며 1일 때는 + 전압상태와 − 전압상태가 교대로 나타나는 방식이다.

㉡ 교류에 가까운 신호로 되고 직류 차단성이 있는 전송로를 사용하는 경우에 좋은 방식이다(직류 차단성이란 교류는 통하고 직류는 통하지 않는 성질임).

④ 차분(Differential) 방식

㉠ +, −에 관계없이 상태의 변화로 0과 1을 판정한다.

㉡ 극성이 변화하면 0, 변화하지 않으면 1이라는 약속으로 정해 놓고 전송하는

방식이다.

⑤ **CMI**(Coded Mark Inversion) **방식** : －에서 ＋로 변화될 때에는 0, －에서 ＋로 변화되지 않을 때에는 1로 전송하는 방식이다.

⑥ **다이코드**(Dicode) **방식** : 0에서 1로 변할 때 ＋ 전위, 1에서 0으로 변할 때 － 전위, 변하지 않을 때는 0전위로 전송하는 방식이다.

⑦ **RZ**(Return to Zero) **방식**

㉠ 비트 펄스와 다음의 비트 펄스 사이에 반드시 전위 0으로 일정시간 동안 유지한 후 다음 신호를 보내는 방식이다.

㉡ 제로/리턴 방식 → 전위 0으로 된 후에 다음 번 비트 펄스를 전송하는 방식이다.

⑧ **NRZ**(Non Return to Zero) **방식** : 비트 펄스 사이에 전위 0으로 유지하지 않고 계속하여 펄스를 전송하는 방식이다.

2) 대역 전송방식

대역 전송로는 직류를 통하지 않으므로 데이터 전송을 위하여 송신 측에서는 직류신호를 교류신호로 변환하여 전송하고 수신 측에서는 교류신호를 직류신호로 변환하는 방식을 말한다.

① **진폭 편이 변조방식** : 반송파의 진폭을 2가지나 4가지로 정하여 데이터가 1 또는 0으로 변함에 따라 미리 약속된 진폭의 반송파를 수신 측에 전송하고 수신 측에서는 원래의 1 또는 0으로 변환시키는 방식을 말한다(단측파대 진폭변조방식과 양측파대 진폭 변조방식이 있다).

㉠ 단측파대 진폭변조(SSB－AM : Single Side Band－AM) 방식

ⓐ 양측파대 중 한쪽 측대만을 사용하여 데이터를 전송하는 방식이다.

ⓑ 주변 통신 선로에 영향을 적게 준다.

㉡ 양측파대 진폭변조(DSB－AM : Double Side Band－AM) 방식

ⓐ 고유 주파수 대역폭을 모두 사용하여 데이터를 전송하는 방식이다.

ⓑ 2배의 주파수 대역폭이 필요하므로 전송로의 주파수 대역폭을 유효하게 이용할 수 없다.

② 주파수 편이 변조방식

㉠ 데이터 신호의 0은 높은 주파수, 1은 낮은 주파수를 할당하여 데이터를 전송하는 방식이다.

㉡ 잡음 등의 영향을 받지 않고 회로가 단순하여 널리 이용되고 있다.

③ 위상 편이 변조방식

㉠ 송신 측에서 반송파의 위상을 2등분, 4등분, 8등분 등으로 나누어서 각각 다른 위상에 0 또는 1을 할당하거나 2비트 또는 3비트로 한꺼번에 할당하여 수신 측에 보내고 수신 측에서는 원래 데이터 신호의 상태로 변환하여 데이터를 전송하는 변조방식이다.

㉡ 위상 편이 변조방식에는 2위상 편이 변조방식, 4위상 편이 변조방식, 8위상 편이 변조방식 등이 있다.

㉢ 2위상 편이 변조방식

ⓐ 데이터 신호의 1을 위상의 변화없이(0°), 데이터 신호의 0을 위상의 변화(180°)에 대응해서 전송하는 방식을 말한다.

ⓑ 1회의 변조로 0이나 1을 나타내기 때문에 변조속도와 데이터 속도가 같다. 즉, baud와 bps가 같다.

㉣ 4위상 편이 변조방식

ⓐ 데이터 신호를 연속하는 2비트의 조합(Dibit)으로 분할하여 바로 직전에 전송한 반송파의 위상을 기준으로 하며 다음에 전송할 Dibit의 4종류에 의해 결정되는 각도만큼 위상을 변화시키는 방식이다.

ⓑ 1회의 변조로 2비트를 표현한다.

ⓒ 2위상 편이 변조방식보다 변조속도가 2배 빠르다.

㉤ 8위상 편이 변조방식

ⓐ 데이터 신호를 연속하는 3비트의 조합(Tribit)으로 분할하여 바로 최근에 전송한 반송파의 위상을 기준으로 하며 다음에 전송할 Tribit의 8종류에 의해 결정되는 각도만큼 위상을 변화시키는 방식이다.

ⓑ 1회의 변조로 3비트를 표현한다.

ⓒ 2위상 편이 변조방식보다 변조속도가 3배 빠르다.

④ 진폭 위상 편이 변조방식

㉠ 진폭 편이 변조방식과 위상 편이 변조방식을 혼합한 방식을 말한다.

㉡ 제한된 전송대역 내에서 고속의 데이터 전송이 가능하다.

㉢ 디지털 신호의 처리 기술과 그것을 실현하기 위한 LSI 기술의 발전에 의해 실현된 방식이다.

㉣ 단점으로는 회로가 복잡하다.

3) 다중화 방식

1개의 전송로로 복수 개의 데이터 신호를 중복시켜 전송하는 방식으로 전송로의 이용 효율을 높인 것이 특징이며 시분할 다중화 방식과 주파수분할 다중화 방식이 있다.

다중화 방식의 분류		
주파수분할 다중화 방식	시분할 다중화 방식	
	동기식 시분할 다중화 방식	비동기식 시분할 다중화 방식

① 시분할 다중화 방식(TDM : Time Division Multiplexing)

㉠ 동기식 시분할 다중화 방식(Synchronous TDM)

ⓐ 하나의 전송로 대역폭을 시간 슬롯으로 나누어 정적인 방법으로 각 채널에 할당함으로써 몇 개의 채널들이 하나의 전송로를 분할하여 사용할 수 있도록 한 방식이다.

ⓑ 전송로의 대역폭은 각 채널에서 전송하는 대역폭보다 커야 한다. 예를 들면, 채널이 4개일 때 4개의 각 채널이 9,600bps의 전송속도일 경우 전송로의 대역폭은 9,600bps×4개 채널=38,400bps이어야 한다.

ⓒ 시간슬롯의 길이는 전송 측의 버퍼 길이와 동일하다.

ⓓ 비트 삽입식(Bit-Interleaving) 방법을 많이 사용하고 있다.

㉡ 비동기식 시분할 다중화 방식(Asynchronous TDM)

ⓐ 실제로 데이터를 보낼 단말기에만 동적으로 각 채널에 시간슬롯을 할당하는 방식이다.

ⓑ 상대주소를 이용하여 전송효율을 높인다.

② **주파수분할 다중화 방식**(FDM : Frequency Division Multiplexing)

㉠ 하나의 전송로의 대역폭을 몇 개의 대역폭(채널)으로 분할하여 많은 단말장치들이 동시에 이용할 수 있도록 한 방식이다.

㉡ 채널 간의 상호간섭을 막기 위해 보호 지역(보호 밴드 : Guard Band)이 필요하다. 이때 보호밴드는 채널의 이용률을 낮추게 된다.

㉢ 모뎀이 필요 없고 간단한 구조이므로 비용이 저렴하다.

㉣ 텔레비전 방송이나 CATV(케이블 TV)에서 사용하고 있다.

4) PCM 전송방식(Pulse Code Modulation)

① 아날로그 신호를 디지털 신호로 변환하여 전송하는 방식이다.

② 아날로그 신호를 PAM 표본화하고 표본화된 진폭(PAM 펄스)을 양자화하고 양자화된 PCM펄스를 디지털 신호로 나타내기 위해 부호화(디지털 신호로 변환)하여 전송한다.

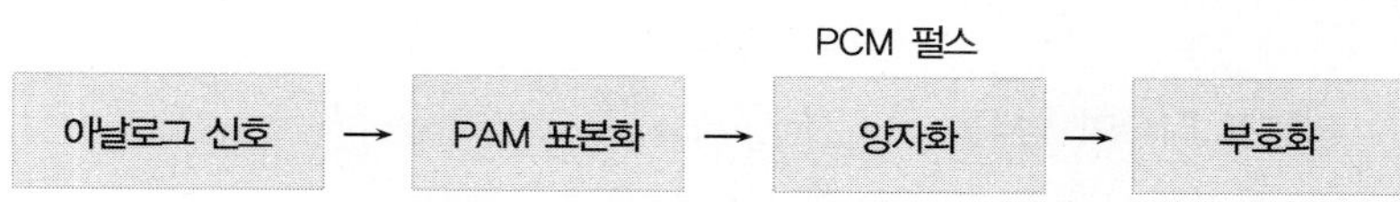

[PCM 전송방식]

4_ 전송에러제어 방식

1. 전송제어 방식

1) 전송제어란 무엇인가?

데이터 송수신, 회선 접속의 확인, 상대방의 확인 등 데이터를 바르게 전송하기 위한 일련의 절차를 전송제어라고 한다.

2) 전송제어의 기능

① 회선제어, 동기, 에러제어를 행한다.

② 회선제어는 전용회선인 경우와 교환회선에서의 회선제어가 다르다.

③ **동기** : 정해진 약속에 따라 송신과 수신 사이에 동기를 취한다.

④ **오류제어** : 전송회선상에서 오류를 검출하여 정정한다.

3) 전송제어의 단계

단 계	처리내용
제1단계	회선의 접속(교환회선의 경우만 필요)
제2단계	데이터 링크의 설정
제3단계	정보의 설정
제4단계	데이터 링크의 해제
제5단계	회선의 절단(교환회선의 경우만 필요)

4) 전송제어 절차의 수행

논리적인 경로 구성 → 회선 접속 → 데이터 링크의 확립
↓
데이터 링크의 해제 및 회선의 절단 ← 정보 전송 종결 ← 정보의 전송 시작

5) 전송제어 절차의 종류

BASIC 절차, HDLC 절차, 비동기 절차

2. 에러 검출 방식

에러를 검출하는 방식에는 패리티검사 방식, 블록합 방식, 순환잉여검사 방식, 해밍부호검사 방식 등이 있다.

1) 패리티 검사(Parity Check) 방식

① 전송되는 문자마다 하나의 패리티를 부가하여 짝수 또는 홀수검사 방법으로 오류를 검출하는 방식이다.

② 정보 비트 수가 적고 오류 발생 확률이 낮은 경우 사용한다.

③ 비동기 전송에 적합하다.
④ 7개나 8개의 비트로 구성되는 문자에 패리티 비트를 부가한다.
⑤ 검사 방법에는 짝수(우수) 검사와 홀수(기수) 검사가 있다.

← 전송방향

|← 전송문자 →|

	ST	b_0	b_1	b_2	b_3	b_4	b_5	b_6	b_7	P	SP	

ST : start
P: parity bit
SP : stop

[전송단위의 형식]

2) 블록합 검사(Block Sum Check) 방식

① 프레임의 각 문자마다 패리티 비트가 할당되고 잉여 패리티 비트들이 모든 문자의 각 비트 위치에서 생성된 잉여 패리티 비트들을 블록합 검사라 한다.
② 수평 패리티 검사와 수직 패리티 검사로 구분된다.
㉠ 수평 패리티 검사 : 각 문자에 생성되는 패리티 비트를 검사한다.
㉡ 수직 패리티 검사 : 각 칼럼 내의 비트들을 모듈로(Modulo) 가산하여 얻어지기 때문에 프레임 내의 마지막 문자가 블록합 검사이다.

3) 순환 잉여 검사(CRC : Cyclic Rodundancy Check) 방식

① 집단 오류에 대한 오류 검출 기능을 제공하기 위해 다항식 코드를 사용하여 오류를 검사하는 방식이다.
② 각 문자마다 잉여 비트를 붙일 필요는 없으나 프레임의 실제 내용에 의해 계산되는 FCS(Frame Check Sequence)를 프레임의 끝에 추가하여 전송한다(FCS를 BCC(Block Check Character)라고도 한다).

4) 해밍 부호 검사(Hamming Code Check) 방식

① 1bit의 오류를 검출하여 자동적으로 정정해 주는 코드이다.
② 3개의 건사 비트를 추가하여 오류를 정정하며 2개 이상의 비트를 검출 정정하려면 더 많은 여분 비트(상황 비트)가 필요하다.

③ 해밍 부호는 어느 부호라도 다른 부호와의 거리가 3 이상으로 되어 있다.

④ 부호 간의 거리가 최저 3이 되어 있는 해밍 부호 체계에서 1bit의 오류가 있으면 착오 비트와 원래 부호의 해밍 거리는 1이며 다른 부호의 거리는 그 이상이다.

3. 검출 후 재전송 방식(ARQ)

오류 발생 시 수신 측은 오류의 발생을 송신 측에 알리고 송신 측은 오류가 발생한 프레임에 대해 재전송을 요구하는 방식이다. 송신 측은 전송 중인 프레임을 기억할 버퍼가 필요하며 버퍼의 크기는 프레임의 크기와 개수에 의해 결정된다. ARQ의 종류는 정지－대기 ARQ, 연속적 ARQ, 적응적 ARQ가 있다. ARQ는 Automatic Repeat Request의 약자이다.

1) 정지－대기 ARQ

① 송신 측에서 1개의 프레임을 수신 측에 송신한다.

② 수신 측에서는 수신된 프레임의 오류 유무를 판단하여 송신 측에 ACK나 NAK를 보내어 ACK를 수신했을 경우 다음 프레임을 전송한다.

③ NAK를 수신하거나 인정시간이 경과할 때까지 응답 프레임(ACK, NAK)을 수신하지 못할 경우 해당 프레임을 재전송한다.

④ 프레임과 같은 크기의 버퍼를 1개만 준비한다.

⑤ 전송효율이 좋지 않다.

2) 연속적 ARQ

① 하나의 프레임을 전송한 후 응답 프레임을 수신할 때까지 기다리지 않고 계속 프레임을 전송하는 방식이다.

② Go－back－N ARQ와 Selective－repeat ARQ가 있다.

③ Go－back－N ARQ

㉠ 송신 측은 창(window) 크기만큼의 프레임들에 순서번호를 부여하여 연속적으로 전송한다.

㉡ 수신 측은 프레임에서 오류를 검출했을 경우 NAK 신호와 함께 이 오류 프

레임의 순서번호를 송신 측에 전송한다.

㉢ NAK를 수신한 송신 측은 NAK와 함께 전송되어 온 순서번호에 해당하는 프레임부터 다시 연속적으로 윈도우 크기만큼의 프레임들을 수신 측에 재전송한다.

㉣ 송신측이 NAK를 받은 프레임으로 연속하여 재전송한다.

㉤ 송신측의 버퍼 크기는 최대의 윈도우 크기만큼 확보해야 한다.

④ Selective－Repeat ARQ

㉠ 송신 측이 NAK를 받은 프레임부터 연속하여 재전송하는 Go－back－N ARQ와는 달리 NAK에 해당하는 프레임만을 재전송하는 방식이다.

㉡ 전송효율이 좋다.

㉢ 송신 측 입장에서 볼 때 수신 측의 상태에 따라 전송해야 하므로 송신 순서를 벗어난 전송을 많이 하게 되어 실현 방법이 복잡하다.

3) 적응적 ARQ

① 전송효율을 최대로 하기 위해서 프레임의 길이를 동적으로 변경할 수 있는 방식이다.

② 전송효율은 높지만 제어회로가 매우 복잡하다.

③ 회선상태가 좋지 않을 경우에는 에러 발생률이 높아진다. 이때에는 프레임의 길이를 짧게 하고, 에러 발생률이 낮을 경우에는 프레임의 길이를 길게 하여 전송한다.

1_ 프로토콜의 개요

1. 프로토콜의 기본개념

1) 프로토콜(Protocol)의 정의

① 통신 네트워크를 구성하고 있는 모듈들이 정보를 주고받는 방법에 대한 공통된 규칙과 약속을 통신 프로토콜이라 하며, 한국어와 영어로 서로 말하면 알아듣지 못하므로, 이것이 통신 오류이고 자동차 전기통신 시스템에서 이야기하는 "통신 불량"이다.

② **네트워크**(Network) : "Computer Networking(통신망, 通信網)"을 의미하며, 컴퓨터들이 어떤 연결을 통해 컴퓨터의 정보들을 공유하는 것을 말한다. 이러한 네트워크 통신을 위해 ECM 상호 간에 정해둔 규칙을 "프로토콜(protocol)"이라 한다.

③ 프로토콜을 최초로 적용한 시스템은 ARPA이며 CCITT에서는 공중 패킷교환망 프로토콜 X.25로 표준화되어 있다.

2) 프로토콜의 계층화

① 컴퓨터 네트워크의 규모가 커짐에 따라 정보 전송 수요가 다양화됨으로 인해 프로토콜의 계층화가 필요하게 되었다.

② 각 계층의 수직적 상하관계로 Top－Down 구조와 같다.

③ 1974년 IBM사의 SNA(System Network Architecture)가 최초로 프로토콜의 계층화를 이룩하였다.

3) 프로토콜의 구성요소

구문(Syntax)	데이터 형식, 코딩(Coding), 신호계층(Signal Level)으로 되어 있다.
의미(Semantic)	효율적이며 정확한 전송을 위한 엔티티 사이의 협조 항목과 에러제어를 위한 항목이 있다.
타이밍(Timing)	접속되는 엔티티 사이의 통신속도 조정, 메세지의 순서제어를 말한다.

4) 프로토콜의 필요성

① 호출확립(Call Establishing) 또는 연결(Connection)
② 터미널의 회전 액세스(Line Access)
③ 메시지 결합과 형식 구조
④ 에러 메시지에 대한 재전송
⑤ 회선 반전 절차
⑥ 터미널 사이의 문자 동기
⑦ 의미 명령(Escape)
⑧ 인터럽트 절단(Interrupt & Disconnect)

2. 프로토콜의 종류

1) 표준/비표준 프로토콜

① **표준**(Standard) **프로토콜** : 여러 시스템에 공통으로 사용하기 위하여 만들어진 프로토콜
② **비표준**(Non Standard) **프로토콜** : 특정한 컴퓨터 모델에만 사용되기 위하여 만들어진 프로토콜

2) 연결 대상에 의한 프로토콜

① **응용중심**(Application Oriented) **프로토콜** : 응용 시스템 사이에 공통으로 사용될 수 있는 정보전송의 구문이나 의미가 필요하며, 공동 모듈의 활동에 대한 업무를 행할 수 있는 프로토콜이다.
② Process to Process **프로토콜** : 흐름제어나 에러제어의 역할을 수행하며, 각 스테이션에 대응하는 엔티티 사이의 프로토콜이다.
③ **노드**(Node) **간 프로토콜** : 두 노드 사이의 연결을 위한 기능을 가진 프로토콜을 노드 간 프로토콜이라고 한다.
④ **입출구**(Entry to Exit) **간 프로토콜** : 노드 간 프로토콜을 구성하였을 때 이 노드가 입출구에 해당되면 이때의 프로토콜을 입출구 간 프로토콜이라고 한다.
⑤ **통신망접근**(Network Access) **프로토콜** : 시스템을 어떤 네트워크에 연결시키기 위한 프로토콜을 말한다.

3) 직접/간접(연결형태)에 의한 프로토콜

① 직접(Direct) **프로토콜**: 외부의 도움 없이 직접 통신이 가능하도록 만들어진 프로토콜로서 지점간 방식(Point to Point), 다지점간 방식(Multidrop Point)에 사용된다.

② 간접(Indirect) **프로토콜**: 정보를 교환하고자 하는 두 엔티티가 동일한 네트워크에 연결되어 있지 않고 각각 독립적으로 두 개 이상의 네트워크에 연결된 상태의 프로토콜이며 교환망, 캐티네트(Catenet) 등에 사용된다.

4) 대칭/비대칭에 따른 프로토콜

① 대칭(Symmetric) **프로토콜**: 통신하는 두 개의 엔티티가 같은 계층(Level)을 갖는 프로토콜이다.

② 비대칭(Asymmetric) **프로토콜**: 통신하는 두 개의 엔티티가 같은 계층(Level)에 속하지 않는 프로토콜을 말한다. HDLC의 응답모드가 비대칭 프로토콜이다.

5) 구문에 의한 프로토콜

① 단일(Monolithic) **프로토콜**: 전체의 모든 기능들이 하나의 프로토콜에 의해 연관되어 이루어지는 프로토콜이다.

② 구조적(Structured) **프로토콜**: 전체의 기능들을 여러 개의 작은 기능으로 나누어서 구분하고 구분된 기능들이 각각 수행하는 계층들로 전체를 연관시켜 이루어지는 프로토콜이다. ISO에서 발표되었던 OSI(Open System nterconnection) 모델이 구조적 프로토콜에 속한다.

3. 프로토콜의 기능

프로토콜의 기능에는 분리, 재합성, 캡슐화, 연결제어, 흐름제어, 동기화, 순서결정, 주소지정, 다중화, 전송서비스가 있다.

1) 분리와 재합성

전송할 데이터를 여러 블록으로 단편화(Fragmention)시킴으로서 에러제어를 효율적으로 할 수 있고, PDU의 크기가 작을수록 버퍼의 크기를 줄일 수 있으며 또한 분리된 데이터를 재합성(Reassembly)해야 적합한 메시지로 된다.

2) 캡슐화

데이터에 제어정보를 추가하는 기능을 캡슐화(Encapsulation)라고 한다. 제어정보에는 주소, 에러검출코드, 프로토콜 제어가 있다.

3) 연결제어

두 엔티티 사이를 연결하여야만 데이터를 전송할 수 있다. 이때 두 엔티티 사이의 연결을 제어하는 것을 연결제어(Connection Control)라고 한다. 두 엔티티 사이의 연결과정은 연결확립 → 데이터 전송 → 연결해제 순서다.

4) 흐름제어

① 수신 엔티티가 송신 엔티티의 데이터 전송량이나 전송속도 등을 조절하는 기능이 흐름제어(Flow Control)이다.
② 정지/대기(Stop & Wait) 절차
③ 슬라이딩 윈도우(Sliding Window) 절차
④ SNA의 페이징(Paging) 알고리즘
⑤ ARPA NET의 다음 메시지를 위한 준비(Ready for Next Message) 명령

5) 동기화

두 개의 프로토콜 엔티티가 동시에 정의된 초기화 상태, 검사 전 상태, 종료상태에 있어야 초기시작, 중간체크 포인터 기능, 통신종료 등을 수행할 수 있다. 이렇게 두 개의 엔티티가 같은 상태를 유지하는 것을 동기화 기능이라고 한다.

6) 순서결정

PDU에 보내지는 데이터들이 보내진 순서대로 되어 있는가를 명시하는 기능을 순서결정(Sequencing)이라고 한다.

7) 주소지정

주소기법에 대한 체계를 세우기가 어렵기 때문에 프로토콜에서는 이름의 구조, 형식이 정의되어야 한다.

8) 다중화

포트이름과 연결이름을 이용하여 다중화한다.

9) 전송서비스

우선순위 순서대로 전송하며, 서비스 등급을 정하여 서비스하고 보안성을 유지하기 위하여 접근제한 등을 행한다.

2_ ISO 7레벨 계층

OSI 계층 모델의 개념 : ISO에서 사용되는 구조기법은 계층구조 기법이다.

1. 물리 계층

1) 물리 계층(Physical Layer)의 정의

데이터 엔티티 사이의 비트 전송을 위하여 물리 연결을 활성화하고 유지시키며, 물리 연결상의 물리 서비스 데이터 단위인 BIT 단위로 전송한다.

2) 구현

① 상위 계층으로부터 최하위 계층으로 전송된 데이터를 통신회선상에 직렬이나 병렬로 전송하여 인접한 장치에 전송하는 전기적 제어기능을 가지고 있는 계층이다.
② 모뎀/DSU 등의 데이터 회선 종단장치(DCE)의 전기적, 기계적 특성의 규정, 신호선의 제어방식 등을 지시한다.
③ CCITT의 권고안 X.21, V.24

3) 물리 계층의 서비스 프리미티브

① 활성화 요구/지시
② 비트열 전송 요구/지시
③ 비활성화 지시

4) 사용하는 프로토콜

DTE/DCE 인터페이스(CCITT X.21, V.24, V.28)

5) 계층 분배

① 직렬전송/병렬전송
② 동기/비동기 전송
③ 전이중/반이중 통신방식
④ 지점간 방식과 다지점간 방식

2. 데이터링크 계층

1) 데이터링크 계층(Data Link Layer)의 정의

인접하는 개방 시스템 사이의 데이터 전송을 하는 계층이다.

2) 기능

① 서비스하는 데이터 단위로 분할한다. 즉, 전송단위로 연속되는 비트열을 나누는 기능을 한다.
② 번호관리(매 전송단위의 순서제어) 기능을 한다.
③ 오류검출, 복구기능, 흐름제어 기능

3) 프로토콜

① ISO가 표준화한 HDLC(High Level Data Link Control)
② CCITT 권고 X.25 레벨 2

4) 전송제어 절차(HDLC)

① HDLC의 특징
㉠ 문자나 비트에 관계없이 전송가능
㉡ 연속되는 전송과 일괄적인 응답이 원칙이므로 전송능력이 향상된다.
㉢ 전이중 통신 시 역방향 응답이 가능하므로 전송능력이 향상된다.

㉣ 모든 프레임에 대한 전송오류 검사가 부여되므로 오류검출 능력이 향상된다.

② HDLC의 기본개념

㉠ HDLC 구성요소 : 스테이션(Station), 프레임

㉡ 스테이션

ⓐ 개방시스템 내의 HDLC 절차를 실행하는 부분이다.

ⓑ 데이터링크 계층의 엔티티이다.

ⓒ 스테이션의 종류

- 1차 스테이션 : 데이터 제어명령 전송
- 2차 스테이션 : 데이터 제어명령 응답
- 복합 스테이션 : 1차 스테이션과 2차 스테이션의 전송과 응답 기능을 갖는다.

㉢ 프레임

ⓐ HDLC의 스테이션 상호 간에 주고 받는 정보의 기본단위

ⓑ 데이터링크 계층의 PDU(Protocol Data Unit)이다.

ⓒ 프레임의 구성

- 플래그(Flag) : 프레임의 시작과 종료
- 주소(Address) : 광역주소, 무 스테이션 주소
- 제어(Control) : 정보 프레임, 번호 없는 프레임, 감독 프레임
- 데이터(Data) : 실제 전송되는 정보
- 프레임 검사 순서(FCS : Flame Check Sequence)

Flag	Address	Control	Data	FCS	Flag

[프레임의 구성]

3. 네트워크 계층

1) 네트워크 계층(Network Layer)의 정의

데이터링크 계층의 기능을 이용하여 하나 또는 그 이상의 통신망을 형성하며 시스템 사이에 투과적인(Transparent) 데이터 전송을 하는 계층이다.

2) 기능

① 네트워크 계층에 중계 기능을 구현하고 통신하는 응용 프로세서가 존재하는 개방 시스템 사이의 지점간(End to End) 통신로를 상위 계층에 제공하는 역할을 한다.
② 네트워크 연결을 설정, 유지, 해제한다.

3) 프로토콜

CCITT 권고 X.25 레벨 3(패킷 레벨 프로토콜)

4) 네트워크 서비스

① **연결형 서비스**: 네트워크 연결의 설정, 해제 개념을 갖는다.
② **비연결형 서비스**: 네트워크 연결의 설정, 해제 개념이 없다(LAN 등에 사용).

4. 트랜스포트 계층

1) 트랜스포트 계층(Transport Layer)의 역할

데이터를 전송하는 통신기능과 처리를 수행하는 응용기능을 효율적으로 대응할 수 있는 계층이다.

2) 기능

① 다중화와 역다중화
② 분류와 합류
③ 분할과 조립
④ 연결과 분리
⑤ 에러제어
⑥ 복구기능
⑦ 흐름제어

3) 트랜스포트의 프로토콜 클래스

허용되지 않는 범위의 장애 통지율 또는 잔류 장애율의 통신망에 대한 단점을 극복할 수 있는 트랜스포트 계층의 기능을 갖는다.

① 클래스 0(단순 클래스) : 품질이 양호한 계열의 통신망에 적용한다.

② 클래스 1(기본 에러 회복 클래스)
   ㉠ 통신망이 통지하는 장애에서 회복하는 기능을 갖는다.
   ㉡ 클래스 0, 1은 다중화 및 역다중화 기능이 없다.
   ㉢ 품질이 보통인 계열의 통신망에 적용한다.

③ 클래스 2(다중화 클래스)
   ㉠ 잔류 장애물을 장애 통지율이 허용하는 범위 내에 속하는 통신망을 적용한다.
   ㉡ 다중화 및 역다중화 기능이 있다.
   ㉢ 장애 검출 기능과 장애 회복 기능은 없다.

④ 클래스 3(에러 회복 다중화 클래스)
   ㉠ 잔류 장애물은 허용, 장애 통지율은 허용하지 않는다.
   ㉡ 다중화 및 역다중화 기능이 있다.
   ㉢ 장애 검출 기능과 장애 회복 기능은 없다.

⑤ 클래스 4(에러 검출 회복 클래스)
   ㉠ 잔류 장애물조차 허용할 수 없는 범위를 갖는다.
   ㉡ 클래스 3 통신망에서 발생하는 데이터, 데이터 분실, 변조, 중복 등의 통신망 장애를 검사하는 기능을 갖는다.
   ㉢ 품질이 낮은 계열의 통신망에 적용한다.

5. 세션 계층

1) 세션 계층(Session Layer)의 역할

다양한 응용을 설정할 때 상위층에 필요한 전송제어 기능을 상위층에 제공하며 상위층의 엔티티가 그들의 대화 성립을 위한 서비스를 제공하고 데이터 교환을 순서적으로 관리하는 방법을 제공하는 데 있다.

2) 기능

① 상대방의 연결 설정
② 데이터 송신권에 대한 제어 수단을 제공한다.
③ 전송 데이터의 구분점을 표시하는 수단을 제공한다.

3) 세션 서비스 단계

① 세션 연결 확립 단계
② 데이터 전송 단계
③ 세션 연결 해제 단계

4) 세션 서비스 단위(SSDU)

SSDU(Session Service Data Unit)란 SS(Session Service) 이용자가 SS 제공자에게 전송을 요구하는 1회의 사용자 데이터를 말한다.

① **정상 데이터 SSDU**(NSSDU : normal SSDU) : SS 사용자 간에 전송되는 보통의 데이터를 말한다.
② **속달 SSDU**(XSS여) : 다른 정상 데이터 SSDU에 우선하여 전송 처리되는 SSDU이다.
③ **제어 데이터 SSDU**(TSSDU) : SS 사용자가 NSSDU와 구별하여 자신의 제어용 정보를 보내는 데이터(공통 응용 접속 서비스 요소에서 이용된다)이다.
④ **수신 능력 데이터 교환** : SS 사용자 사이에서 상대방의 수신 능력에 대한 정보를 교환할 때 사용하는 데이터를 말한다.

5) 세션 계층의 기능 단위

① 커널(Kernel) 기능 단위
② 절충 해제 기능 단위
③ 반이중 기능
④ 소동기 기능
⑤ 대동기 기능
⑥ 재동기 기능
⑦ 액티비티 기능

6. 프레젠테이션 계층

1) 프레젠테이션 계층(Presentation Layer)의 역할

상위층이 응용 계층의 다양한 표현 양식을 범용적인 전송형식으로 변환하고 암호화, 데이터 압축 등을 행하며 전송구문과 추상구문의 규정을 독립시켜 체계적인 정보표현 규칙의 실현을 가능하게 하는 계층이다. 정보표현 방법에는 다음 두 가지가 있다.

① **추상구문**: 응용 계층에서 사용하는 의미를 표현한 메시지
② **전송구문**: 데이터를 전송할 때 실제로 사용하는 부호화된 메시지

2) 기능

① 응용 계층에서 사용하는 추상구문을 전송구문으로 변환한다.
② 전송구문을 추상구문으로 역변환시킨다.
③ 양 계층의 공통되는 추상구문 표기법인 ANSI와 부호화 규칙이 정의된다.

3) 프레젠테이션 서비스의 기본 기능 요소

① **프레젠테이션 콘텍스트**: 구문 변환의 지원범위를 표현하는 단위
② 콘텍스트 정의 집합(DCS : Defined Context Set)
③ 디폴트 프레젠테이션 콘텍스트(Default Presentation Context)

4) 프레젠테이션 서비스의 기능별 분류

① 연결 확립 기능
② 해결 해제 기능
③ 콘텍스트 관리 기능
④ 정보 전송 기능
⑤ 대화 제어 기능

5) 프레젠테이션 기능 단위

① 커널 기능 단위
② 콘텍스트 관리 기능 단위
③ 콘텍스트 복구 기능 단위

7. 응용 계층

1) 응용 계층(Application Layer)의 역할

최상위 계층으로서 응용처리를 행하는 응용 프로세서 사이의 인터페이스나 통신을 위한 기본적인 응용기능을 제공하여 사용자들이 자신의 응용 프로그램을 작성하는 계층이다.

2) 기능

① 컴퓨터 네트워크의 기능을 갖고 있다.
② 전자우편, 원격 작업 입력(RJE), FTP(File Transfer Protocol), Teletext, Video Tex 등의 응용 작업을 할 수 있다.

3) 응용 계층 서비스

① 공통 응용 서비스
㉠ Association 제어
㉡ 콘텍스트 제어
㉢ 정보 전송 회화 제어
㉣ CCR(Commitment Concurrency Recovery)
② 특정 응용 서비스 : ROS(Remote Operation Service)
㉠ 응용 서비스 요소 사이의 대화형 통신을 위해 기본적인 것이며 분산 환경에서 이용되는 분산 응용의 실현을 위해 사용된다.
㉡ 응답형의 통신을 기본으로 한다.
㉢ 기본 프로토콜 데이터 단위 : Invoke, Return, Result, Return Over

3_ 기타 통신 규약 및 권고안

1. CCITT X. 계열 권고안

CCITT X. 권고안은 공중 데이터 통신망에 대한 권고안이다

권고안	프로토콜 내용
X.20	공중 테이터 통신망에 비동기 전송을 하기 위한 DTE/DCE 사이의 인터페이스 규격
X.21	공중 테이터 통신망에 동기 전송을 하기 위한 DTE/DCE 사이의 인터페이스 규격
X.22	사용자 등급 3-6의 다중 DTE/DCE 인터페이스 규격
X.24	공중 테이터 통신망에서 사용되는 DTE/DCE 사이의 상호 접속 회로에 대한 규격
X.26	데이터 통신 분야에서 집적 회로 장치로 사용되고 있는 범용의 불평형 복류 상호 접속 회로의 전기적 특성
X.27	테이터 통신 분야에서 집적 회로 장치로 사용되고 있는 범용의 평형 복류 상호 접속 회로의 전기적 특성
X.28	동일국 범위 내에 위치하는 공중 테이터 통신망에 PAD를 액세스하는 비동기식 단말장치를 위한 DTE/DCE 사이의 인터페이스 규격

2. CCITT V. 계열 권고안

CCITT V. 권고안은 전화망을 통한 데이터 전송에 대한 권고안이다.

권고안	프로토콜 내용
V.10	불평형 복류 상호 접속 회로의 전기적 특성
V.11	평형 복류 상호 접속 회로의 전기적 특성
V.21	일반 전화 교환망용 300bps 전이중 모뎀 규격
V.22	일반 전화 교환망용 및 2선식 전용회선 1,200bps 전이중 모뎀 규격
V.22 bis	일반 전화 교환망용 및 2선식 전용회선 2,400bps 전이중 모뎀 규격
V.23	일반 전화 교환망용 1,200bps 모뎀 규격
V.24	DTE/DCE 상호 접속 회로의 기능 및 전기적 특성
V.26	4선식 전용회선용 2,400bps 모뎀 규격
V.27	전용회선용 4,800bps 모뎀 규격
V.27 ter	일반 전화 교환망용 2,400/4,800bps 모뎀 규격
V.28	불평형 복류 상호 접속 회로의 전기적 특성
V.29	전용회선용 9,600bps 모뎀 규격
V.32	일반 전화 교환망 및 전용회선용 9,600bps 모뎀

전송 제어 순서, 소프트웨어, 하드웨어 전반에 걸쳐 표준화, 통일화함으로써 관리가 용이하고 유연성과 확장성의 개념을 가질 수 있는 방법을 확립한 것이다.

1_ 정보 통신망의 기본 구성

1. 정보 통신망 구조의 개념

1) 통신기능의 계층화

2) 논리적 통신회선

3) 장치 사이의 기능 분담

4) 표준화

2. 정보 통신망 구조의 목적

1) 시스템 분산화 요구

2) 타기종 컴퓨터 사이의 접속 요구

3) 고성능 통신망 요구

4) 표준화

3. 정보 통신망의 기본 조건

1) 정확성

2) 신속성

3) 경제성

4) 안전성

4. 정보 통신망의 기본 구성

정보 통신망의 구성에는 성형, 트리형, 망형, 링형 등이 있다.

1) 성(Star)형

① 중앙 컴퓨터 시스템과 단말기들이 회선을 1대 1로 직접 연결하여 마치 별 모양의 구조를 보이는 통신망을 말한다.

② 시스템 전반에 관해 감독 제어하는 중앙부와 직접 통신할 수 있도록 구성된 중앙 집중식 시스템이다.

③ 직접 연결하므로 통신 회선 비용이 많이 드는 단점이 있다.

④ 우리나라에서 현재 On Line System에 많이 사용하고 있다.

⑤ 성형 통신망의 컴퓨터 시스템에는 통신망을 제어하는 프로그램, 단말기에서 요청한 데이터를 처리할 수 있는 프로그램이 내장되어 있다.

⑥ **종류** : 회선 접속 방식에 따라 지점간 방식과 다지점 공유 방식이 있다.

㉠ 지점간(Point to Point) 회선

ⓐ 중앙의 컴퓨터와 단말기 사이의 회선을 1대 1로 직접 연결한 방식이다.

ⓑ 전용회선을 이용하여 데이터를 전송한다.

ⓒ 1개의 회선에 1대의 단말기가 연결되므로 다지점 간 공유 방식보다 회선 비용이 많이 들지만 전송속도는 빠르다.

ⓓ 컴퓨터와 단말기 사이에 계속 통신을 하는 경우와 컴퓨터 시스템이 다른 컴퓨터에 연결되어 단말기처럼 사용되는 경우에 주로 사용된다.

ⓔ 1대의 단말기는 통신 제어장치 내에 있는 하나의 포트(Port)와 2개의 모뎀을 필요로 한다.

㉡ 다지점간 공유(Multipoint) 회선

ⓐ 중앙의 컴퓨터와 단말기 간에 연결된 1개의 회선에 여러 대의 단말기를 연결하는 것을 말한다.

ⓑ 컴퓨터 시스템에서 단말기로 보낼 때는 특정한 한 대의 단말기에만 수신할 수 있고 동시에 여러 대의 단말기에 보낼 수 없다. 하지만 단말기 측에서는 여러 단말기에서 동시에 컴퓨터 시스템으로 수신할 수 있다(Polling 방식을 사용하여 교대로 단말기에 전송).

ⓒ 1개의 회선에 여러 대의 단말기가 연결되므로 지점간 방식보다 회선 비용이 적게 들지만 전송속도는 늦다.

ⓓ 통신량이 적은 즉, 짧은 시간 동안만 사용하는 조회(Inquiry)시스템에 사용한다.

2) 트리(Tree)형

① 중앙 컴퓨터 시스템과 일정 지역까지는 1대 1 통신회선으로 연결시키고 근처에 있는 단말기로부터 다시 회선을 연장시켜 데이터를 전송하는 통신망이다.

② 성형 통신망보다 통신회선을 줄일 수 있다. 일정한 지역에 설치된 터미널을 미니 컴퓨터로 대치하여 분산 자료 처리(DDP : Distributed Data Processing) 시스템으로 이용할 수 있다.

3) 망(Mesh)형

① 중앙 컴퓨터 시스템과 일정 지역까지는 1대 1 통신회선으로 연결시키고 근처에 있는 단말기로부터 다시 회선을 연장시켜 데이터를 전송하는 통신망이다.

② 성형 통신망보다 통신회선을 줄일 수 있다. 일정한 지역에 설치된 터미널을 미니 컴퓨터로 대치하여 분산 자료 처리(DDP : Distributed Data Processing) 시스템으로 이용할 수 있다.

4) 환(Ring)형

① Loop형이라고도 하며 원격지에 있는 컴퓨터나 단말기가 중앙에 설치된 컴퓨터 시스템을 사용하여 처리하는 것이 아니고, 인접된 컴퓨터 시스템끼리 서로 연결하여 전체가 Ring 모양을 형성하여 통신할 수 있도록 한 통신망이다.

② 일정한 지역이나 조직 내에서만 통신하는 LAN 통신망에서 사용한다.

③ 각 시스템들이 비슷한 하드웨어와 소프트웨어를 가지며 서로 간에 통신이 가능한 통신망이다.

④ 각 단말기나 컴퓨터가 인접해 있을 때는 통신회선 설치 비용이 적게 들지만 멀리 떨어져 있는 경우에는 상대적으로 많이 들게 되므로 비경제적이다.

5) 버스(Bus)형

① 통신회선 1선에 복수개의 터미널을 연결하여 통신하는 방식이다.
② 데이터 전송형태는 방송 모드이므로 모든 터미널의 데이터를 수신할 수 있다.
③ 데이터 전송은 폴링과 셀렉션에 의해 이루어진다.

6) 격자망(Matrix)형

① 광역 통신망의 구성에 사용하는 통신망이며 2차원 형태로 구성하므로 통신망 구성이 복잡하다는 단점이 있다.
② 처리 능력이나 신뢰성은 효율적이다.

2_ 정보 교환망의 종류와 특성

1. 회선 접속 방식에 따른 분류

1) 지점간(Point to Point) 회선

① 중앙의 컴퓨터와 단말기 사이의 회선을 1대 1로 직접 연결한 방식이다.
② 전용회선을 이용하여 데이터를 전송한다.
③ 1개의 회선에 1대의 단말기가 연결되므로 다지점간 공유 방식보다 회선 비용이 많이 들지만 전송속도는 빠르다.
④ 컴퓨터와 단말기 사이에 계속 통신을 하는 경우와 컴퓨터 시스템이 다른 컴퓨터에 연결되어 단말기처럼 사용되는 경우에 주로 사용된다.
⑤ 1대의 단말기는 통신 제어장치 내에 있는 하나의 PORT(포트)와 2개의 모뎀을 필요로 한다.

2) 다지점간 공유(Multipoint) 회선

① 중앙의 컴퓨터와 단말기 간에 연결된 1개의 회선에 여러 더의 단말기를 연결하는 것을 말한다.
② 컴퓨터 시스템에서 단말기로 보낼 때는 특정한 1개의 단말기에만 수신할 수 있고, 동시에 여러 대의 단말기에 보낼 수 없다. 하지만 단말기 측에서는 여러 단

말기에서 동시에 컴퓨터 시스템으로 수신할 수 있다(Poling 방식을 사용하여 교대로 단말기에 전송).

③ 1개의 회선에 여러 대의 단말기가 연결되므로 지점간 방식보다 회선 비용이 적게 들지만 전송속도는 늦다.

④ 통신량이 적은 즉, 짧은 시간 동안만 사용하는 조회(Inquiry)시스템에 사용된다.

3) 혼합형(Composit) 회선

지점간 방식과 다지점 공유방식을 혼합하여 사용한다.

2. 데이터 교환 방식에 따른 분류

- 분류
  - 회선 교환 방식
  - 축적 교환 방식
    - 메시지 교환 방식
    - 패킷 교환 방식

1) 회선 교환 방식

① 교환기에 의해 양쪽기기 사이에 회선을 접속하여 회선 설정이 정해지면서 버퍼 사이에 계속 연결하여 송수신이 되는 방식

② 전송량이 많고 단시간 사용할 때에 비용이 적게 든다.

③ 짧고 불연속적인 전송을 한다.

④ 전송된 데이터는 저장되지 않는다.

⑤ 컴퓨터 교환기에 의해 교환되며 실시간 대화 방식에 응용된다.

⑥ 전송속도나 코드를 변환할 수 있다.

⑦ Point To Point 방식으로 연결된다.

2) 축적 교환 방식

송신 측과 수신 측을 직접 연결하지 않고 송신 측에서 데이터를 일단 컴퓨터 교환기에 축적한 다음, 수신 측과 연결하여 수신 부호 등을 식별 확인한 후 데이터를 송신하는 방식이다. 메시지 교환 방식과 패킷 교환 방식이 있다.

① **메시지 교환 방식**

㉠ 보조 기억 장치에 연결하여 전송한다.

㉡ 메시지 교환센터에 의해 전송 : 메시지마다 경로가 다르다.

㉢ 일반 메시지를 전송하며 음성 전송 교환보다 비용이 저렴하다.

㉣ 통신망에서 속도, 코드의 변환을 담당한다.

㉤ 일괄처리(Batch)에 적용한다.

㉥ Multidrop 방식으로 방송 및 다목적지 전송이 가능하다.

㉦ 저장 후 검색이 가능하다.

㉧ 메시지의 구성 : 표제부(Header), 문서부(Text)

② **패킷 교환 방식**

㉠ 보조 기억 장치에 연결하여 전송한다.

㉡ 패킷마다 경로가 다르다.

㉢ 단시간 전송인 경우 음성 전송 교환보다 비용이 저렴하다.

㉣ 통신망에서 속도, 코드의 변환을 담당한다.

㉤ 실시간 대화가 가능하다.

㉥ Multidrop 방식이 불가능하다.

㉦ 일시적으로 저장하므로 검색이 불가능하다.

3_ LAN/VAN/ISDN의 개념

1. LAN(근거리 통신망)

1) 정의

① LAN(Local Area Network)이란 공중 통신망을 이용하지 않는 통신망으로서 동일 건물 또는 동일 지역 내에 설치되어 있는 컴퓨터와 터미널을 유기적으로 결합시킨 시스템이다.

② 통신에 적합한 크기의 지역(1 - 20Km)에서 제한된 통신망으로서 고속의 데이터 전송속도(1 - 20Mbps)를 갖는 통신매체로 구성되며 낮은 에러율로 동작한다.

③ 경제성, 신뢰성, 목적에 따른 확장성, 응답성 등의 개선을 드모함으로써 성능향상, 부하배분, 가용성의 향상을 실현하는 데 그 목적이 있다.

2) LAN의 구성요소

① CIU(Communication Interface Unit)

② BIU(Bus Interface Unit)

③ Network Node

　㉠ 경로 설정 서버(Path Server)

　㉡ 게이트웨이 서버(Gateway Server)

　㉢ 터미널 서버(Terminal Server)

　㉣ 프린터 서버(Printer Server)

　㉤ 파일 서버(File Server)

3) 특징

① 통신망 내의 어떤 기기와도 적은 비용으로 고속통신이 가능하다.

② 에러율이 낮다.

③ 패킷 지연을 최소로함으로써 신호의 전송반전

④ 단일기관만 소유한다.

⑤ 경로 설정이 필요없다.

⑥ 광대역 전송매체의 사용으로 고속통신이 가능하다.

⑦ 확장성과 재배치성이 좋다.

⑧ 종합적인 정보처리 능력을 갖는다.

⑨ 법적인 규제가 없다.

⑩ 전용회선을 이용하여 구성하므로 초기 설비투자는 많이 들지만 사용 시의 유지비는 적게 든다.

⑪ 통신회선과 컴퓨터가 일체가 되어 관리 운영되므로 통신회선과 컴퓨터가 장애대책에 대해 동일 레벨의 책임을 갖도록 한다(기기의 인터페이스 즉, By pass).

4) 장점

① 사용자의 자유도가 크다.

② 고속통신이므로 공중망과 연결시켜 다기종 간에 음성과 영상을 포함한 종합 통

신망으로서의 발전성이 있다.

③ 정보자원의 공유 및 일관성

④ 실시간 처리 및 시스템의 비용절감

⑤ 통신비와 제도 등의 제약이 없다.

⑥ 사무자동화의 통합 구축

⑦ n : n 회선 접속기능의 지원

5) LAN의 응용분야

① 단망 통신망(Terminal Network)

② 분산 시스템(병렬처리)

③ 음성, 영상의 전송, 음성과 데이터 통합 LAN

④ 주변 입출력장치 공유

⑤ 파일 전송, 원격 Job 수행, 원격 Login－in, 전자우편

⑥ 데이터베이스, 지식베이스의 공용

⑦ OA, FA, 실험실 자동화

6) LAN의 구조

① 성(Star)형

㉠ 통신망의 처리능력 및 신뢰성은 중앙의 제어장치에서 제어된다.

㉡ 제어장치의 지능화(Intelligent)가 요구된다.

㉢ 통신망이 능동적이므로 기능의 부가가 용이하다.

② LOOP(Ling)형

㉠ 구조가 간단하다.

㉡ 중계기 또는 스테이션의 장애에 의하여 LOOP 전체에 장애가 일어난다.

㉢ 분산 및 집중제어의 어느 방식도 가능하다.

㉣ 통신망이 능동적이므로 기능의 부가가 용이하다.

③ 분기(Bus)형

㉠ 다수의 스테이션 접속이 가능하다.

㉡ 단일 스테이션의 장애가 통신망에 대하여 영향을 주지 않는다.

㉢ 분산 제어형에서는 중앙 제어장치가 불필요하다.

㉣ 거리상의 제한이 있다.

7) LAN의 전송매체

① **꼬임선**(Twisted Pair Wire)

㉠ 장점

ⓐ 1km 이내의 거리에서 1Mbps 전후까지 전송에 사용된다.

ⓑ 수 km 이내의 거리에서 100Kbps 전후까지 전송에 사용된다.

ⓒ 회선망 형태로서 멀티드롭(Multidrop)형의 접속이 비교적 용이하고 기존 건물에는 전화용으로 가설한다.

㉡ 단점

ⓐ 전송속도가 낮다.

ⓑ 신호의 감쇠량이 많다.

ⓒ 전자유도에 약하다.

ⓓ 통신망 전체의 처리능력이 EPBX에 억압된다.

② **동축케이블**(Coaxial Cable) : 전도체 둘레에 전기가 통할 수 있는 다발과 이것을 보호할 수 있는 피복으로 둘러싸인 케이블을 말한다.

㉠ 특징

ⓐ 적은 비용으로 수백 MHz의 광대역 전송이 가능하므로 가장 많이 사용된다.

ⓑ 분기형, 루프형 회선망에서 사용한다.

㉡ 종류

ⓐ Base Band 방식과 Broad Band 방식이 있다.

ⓑ Broad Band 방식이 기본 방식이다.

③ **광섬유**(Optical Fiber)

㉠ 장점

ⓐ 고속전송이 가능하다.

ⓑ 잡음의 영향이 적다.

ⓒ 대역폭이 크다(수십 GHz).

ⓓ 경량이다.

ⓔ 비유전성이다.

ⓕ 성형, 루프형, 분기형에 사용된다.

㉡ 단점

ⓐ 가격이 비싸다.

ⓑ 멀티드롭 접속이 어렵다.

8) LAN의 분류

① **토폴로지**(Topology : 회선망)**에 의한 분류**

㉠ 성형

㉡ 루프(Ring)형

㉢ 분기형(버스 트리형)

② **액세스**(Access) **방식에 의한 분류**

㉠ 루프(Ring)형

ⓐ 토큰링(Token Ring) 방식

ⓑ 슬롯링(Slot Ring) 방식

ⓒ 버퍼/레지스터 삽입(Buffer/Register Insertion) 방식

㉡ 분기형

ⓐ CSMA/CD 방식(자동차 CAN 통신방식)

ⓑ CSMA/CA 방식

ⓒ 토큰 버스(Token Bus) 방식

③ **전송매체에 의한 분류**

㉠ 트위스티드 페어 와이어(Twisted Pair Wire) LAN

㉡ 베이스 밴드 동축케이블(Base Band Coaxial Cable) LAN

㉢ 브로드 밴드 동축케이블(Broad Band Coaxial Cable) LAN

㉣ 광섬유 LAN

④ **전송방식에 의한 분류**

㉠ 베이스 밴드(Base Band) LAN

㉡ 브로드 밴드(Broad Band) LAN

⑤ 전송 제어 방식에 따른 분류

㉠ 충돌형 LAN

ⓐ 임의 선택(Random) 방식

ⓑ CSMA 방식

ⓒ CSMA/CD 방식

㉡ 비충돌형 LAN

ⓐ 토큰 패싱 LAN : 토큰링 방식, 토큰 버스 방식

ⓑ TDM 방식 LAN : 고정 할당 방식, 요구 할당 방식, 임의 선택 방식

ⓒ FDM 방식

9) LAN의 표준화

① 표준화함으로써 얻을 수 있는 장점

㉠ 물리적, 논리적 인터페이스의 표준화 : 독립적으로 중앙컴퓨터의 소프트웨어를 실현할 수 있다.

㉡ 통신방식이 동일하므로 매체와의 인터페이스가 표준화됨으로서 타 회사의 송수신기와 통신망 인터페이스로 공용할 수 있다.

㉢ 프로토콜 제어용 LSI 개발을 촉진하고 제품 가격을 하락시킬 수 있다.

② IEEE(Institute of Electrical and Electronics Engineers)에서 데이터 링크 계층의 표준화를 설정하였다.

③ 근거리 통신망의 예

㉠ Ethernet : Xerox사에서 1972년부터 1980년 개발(미니 컴퓨터용)

㉡ Omninet : Corvus System사(마이크로 컴퓨터와 퍼스널 컴퓨터를 이용한 가장 대표적인 통신망)

㉢ WANG net : WANG사(광대역의 혼성 통신망이다)

㉣ Hyper Channel : Network System사(컴퓨터 사이의 정보전송)

㉤ Net/One : Ungermann Bass(분산 제어용 LAN)

④ LAN의 인터페이스 종류 : 회선계, 개방계, 전용계

2. VAN(부가가치 통신망)

1) 정의

VAN(Value Added Network)이란 공중 전기통신업자로부터 전용선을 임차하고 여기에 컴퓨터(통신설비)를 접속하여 고속화, 고품질화 정보의 가치를 창출하는 데 있다. 즉, 입력정보를 그대로 상대방에게 출력하는 Network와는 달리 속도변환, 매체(Media)변환, Protocol 변환 등의 각종 변환과 Message 축적통신 기능 등 통신처리 기능을 실현하는 통신망이며 정보의 관리, 가공, 제공 등의 정보처리 기능도 갖는다.

2) VAN의 출현 배경

① 실시간 처리, 온라인 처리의 발전
② 전자기술의 발달
③ 정보처리 산업의 발달
④ 집중 분산처리의 발달
⑤ 컴퓨터 이용 기술(OA, FA)의 발달
⑥ 정보 전달 수단의 발달

3) VAN의 이용

① 고도화 정보화 사회에 다양한 정보, 활용 수단 제공
② 업무 연락의 신속성, 정확성, 일관성을 위한 VAN을 공동으로 구축하여 사용

4) VAN의 분류

① 법률적 정의에 의한 분류
② 사업자적 특성에 의한 분류
③ 이용자적 특성에 의한 분류
④ 기술적 특성에 의한 분류
⑤ 이용매체에 의한 분류

5) VAN 센터의 기능

① 집중 감시와 제어

② 무인 자동 운전

③ 호스트들의 접속

④ 기밀보호와 안전

6) VAN의 계층 분류

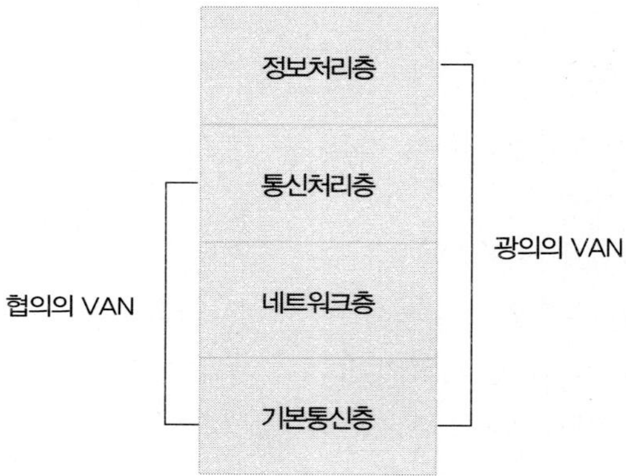

① **데이터 통신 사용자와의 관계**

데이터 통신의 사용자는 ┌ 네트워크층 ┐ 과 관계를 갖는다.
├ 통신처리층 ┤
└ 정보처리층 ┘

㉠ 네트워크층과의 관계 : 패킷 교환 인터페이스이며 단순한 데이터 통신의 매개가 된다.

㉡ 통신 처리층과의 관계 : 패킷 교환 인터페이스를 갖고 있지 않는 단말에 대한 데이터 통신의 매개와 각종 부가가치를 이용한 데이터 통신의 매개가 있다.

㉢ 정보처리층과의 관계 : 데이터 통신의 매개가 아닌 정보제공 서비스나 RCS 등이다.

② **데이터 통신 이외의 사용자와의 관계** : 데이터 통신 이외의 전화망, 팩시밀리망, TV 회의 등을 사용하는 사용자는 기본 통신층, 통신처리층과 관계를 갖는다.

㉠ 기본통신층과의 관계 : 음성데이터, 이미지 데이터의 단순한 매개 역할이다.

㉡ 통신처리층과의 관계 : 데이터 통신과 중복되는 부분인 미디어 변환 기능을 이용하는 통신의 매개이다.

7) VAN의 상호 접속

① 접속방법

㉠ GWP에 의한 접속

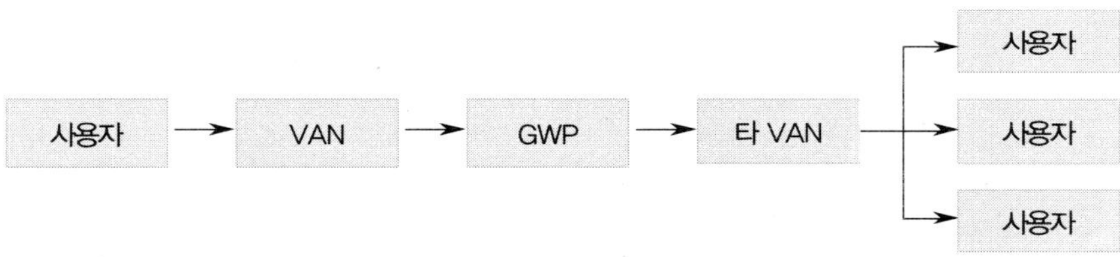

㉡ CCITT 권고 X.75에 의한 접속

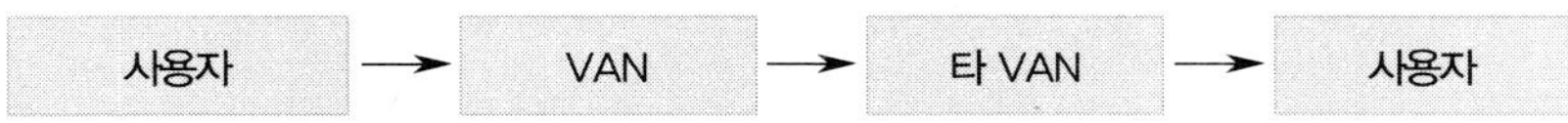

② 상호 접속 시 발생되는 문제점

㉠ 프로토콜의 정합성
㉡ 네트워크의 주소 체계 정비
㉢ 안정성과 신뢰성의 향상
㉣ 책임 분담의 명확화
㉤ 기업의 경영전략
㉥ 응답시간

8) 패킷 교환 통신망의 통신망 간 상호 접속에 필요한 기능

① 서비스의 종류
② 통신망에 사용되는 단말 인터페이스
③ 통신망 접속을 위한 인터페이스
④ 번호 계획

9) VAN이 제공하는 기능

① 전송 기능
② 교환 기능
③ 통신 처리 기능
  ㉠ 전자사서함 기능
  ㉡ 데이터 교환 기능
  ㉢ 동보 통신 기능
  ㉣ 정시 집신, 배신 기능
  ㉤ 프로토콜 변환 기능
  ㉥ 코드 변환 및 포맷 변환 기능
  ㉦ 미디어 변환 기능
  ㉧ 속도 변환
④ 정보 처리 기능
  ㉠ 데이터 처리 기능 : 온라인 실시간, RJE(Remote Job Entry) 시스템 처리, TSS
  ㉡ 전문 서비스 기능
  ㉢ Turnkey 시스템 서비스(Integrated System Service) 기능

10) VAN의 이용 목적

① 기업의 정보 시스템 구축을 위한 VAN 사용
② 기업 정보 시스템 사이의 통신에 VAN 사용
③ 사무자동화를 위한 VAN의 사용

11) 전자사서함의 기능

① 상대방이 부재 중일 때 몇 개의 메시지를 일시적으로 통신망에 축적하였다가 나중에 송출하는 Store and Forward 기능이다.
② **편집 기능** : 메시지의 수정 또는 치환
③ **통신 기능** : 메시지의 축적교환, 동보통신, 전송, 시각 지정 발신
④ **파일링** : 디스크의 파일링, 항목별 분류

⑤ **검색 기능** : 키워드(Key Word)에 의한 메시지의 검색, 수신일에 의한 검색

12) 전자사서함의 특징

① 수신, 발신의 시간을 수신, 발신자가 편리하도록 선택할 수 있다.
② 기록성이 있다.
③ 동보, 주기 발신, 전송 등의 통신 기능이 있다.
④ 메시지를 디스크에 저장하기 때문에 검색이 가능하게 된다.

13) VAN의 유사용어

① EDI
② 전산망
③ 기업 간 전산망

3. ISDN(종합 정보 통신망)

1) 정의

ISDN(Integrated Services Digital Network)은 통신망을 전자화, 디지털화하여 모든 서비스를 일괄 처리할 수 있도록 하며 사용자 측의 편리성 및 다양성을 한층 더 향상시켜 정보의 생성, 처리, 수송 등을 가장 효율적으로 할 수 있는 정보화 사회의 통신망이다.

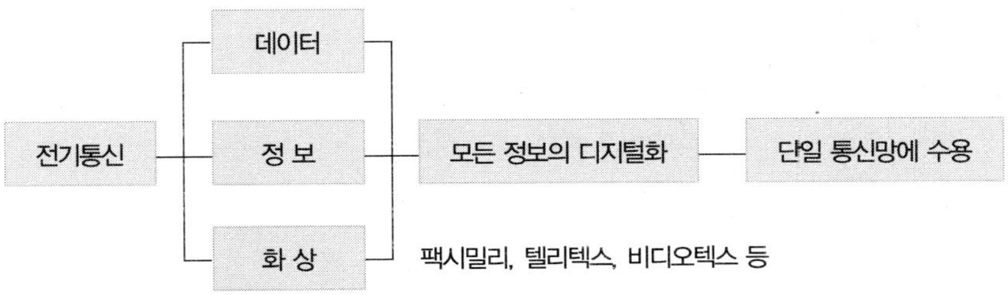

2) ISDN의 목적

① 표준화
② 다중화된 지원
③ 경쟁 기능의 분리
④ 투명도
⑤ 전용과 교환 서비스
⑥ 비용에 의한 요금표
⑦ 순조로운 이전

3) ISDN의 이점

① 비용의 절약과 유연성의 측면에서 본다면 효율성, 경제성을 도모할 수 있다.
② 단일 전송 시스템에서 음성과 여러 종류의 데이터 통합은 사용자가 다양한 요구를 만족하기 위해서 여러 개의 서비스를 살 필요가 없다.

4) ISDN이 제공하는 서비스(Telecommunication Service)

① 베어러 서비스(Bearer Service)
② 텔레 서비스(Tele Service)
③ 부가 서비스(Supplementary Service)

5) ISDN 채널

① B채널 : 기본적인 사용자 채널이며 운송하는 트래픽 : 디지털 데이터, PCM(부호화된 디지털 음성), 전송용량이 64Kbps가 되게 부호화된 디지털 음성 및 디지털 데이터를 포함하는 혼합 저속 트래픽 등을 전송한다.
② D채널 : 사용자와 통신망 사이에 제어 정보를 교환하는 데 사용하며 저속의 디지털 데이터 요구를 지원한다.
③ H채널 : 고속의 사용자 정보를 전송한다.

6) ISDN 커넥션(단말 사이의 통신을 위한 3가지 서비스)

① B채널상에서의 회선 교환 호출
② B채널상에서의 패킷 교환 호출
③ D채널상에서의 패킷 교환 호출

4. 멀티 뉴미디어(Multi New Media)

1) 멀티 뉴미디어 개념

정보의 전달과 처리, 보존을 위한 수단인 모든 미디어 즉, 전화, 신문, 팩스, TV, VIDEO, PC 등이 개별적으로 존재하던 것들을 단일 출구로 검색할 수 있도록 통합한 개념으로 표현 수단인 미디어의 수를 줄이자는 데 있다.

2) 뉴미디어 분류

① **CATV**(CAble TeleVision : 유선방송) : 방송국에서 제작한 프로그램을 케이블을 통하여 가입자에게 전송하는 통신 시스템이다.
  ㉠ 기본구성 : 헤드 앤드, 중계 전송망, 가입자 설비
  ㉡ 종류
    ⓐ 공동 수신 CATV : 난시청 해소를 위해 산간 벽지, 고층 건물, 공동 주택 등에 설치하는 시스템
    ⓑ CCTV(Closed Circuit TeleVision : 폐쇄회로 TV) : 특정지역에 대해 특정 프로그램을 가입자에게 제공하는 시스템
    ⓒ 자주 방송 CATV : 자체적으로 제작한 프로그램을 가입자에게 제공하는 시스템
    ⓓ 지역 재송신 CATV : 타 지역의 TV 방송을 수신하여 자기 지역에 재송신하는 시스템
    ⓔ 쌍방향 CATV : 가입자와 방송센터 사이에 의사 전달이 가능한 시스템

② **비디오텍스**(Videotex) : 단말장치로부터의 요구에 따라 데이터베이스로부터 TV 수상기와 전화회선을 이용하여(정보센터가 통신망을 경유하여) 사용자가 원하는 정보를 제공하는 양방향 통신 기능을 갖는 대화형 화상 정보 서비스 시스템이다.

㉠ 기본구성 : 비디오텍스 통신망, 정보센터, 외부 정보센터, 이용자 단말장치, 정보 입력 단말장치

㉡ 통신방식 : 전화와 TV 수상기를 사용하여 문자와 도형을 교환한다.

㉢ 정보 표현 방법

표시형식 ←→	문자정보의 표현방법	도형정보의 표현방법
data syntax 1		포토그래픽
data syntax 2	알파	모자이크
data syntax 3		지오메트릭

③ 텔레텍스(Teletex)

㉠ 문서를 편집, 수정, 보관, 검색할 수 있는 워드프로세서 기능과 패킷 교환망, 회선 교환망, 전화 교환망 등의 기존 통신망을 통해 빠른 속도로 문서를 송수신할 수 있는 통신기능을 가진 단말장치이다.

㉡ 메모리를 내장하고 있다.

㉢ 텔렉스보다 기능면에서 성능이 좋다.

ⓐ 기본구성

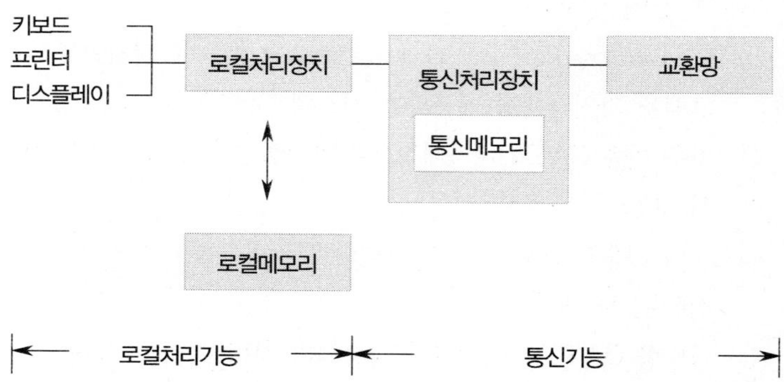

ⓑ 기본특성

– 자체 메모리를 내장하고 있다.

– 로컬 모드 수행 중 다른 Teletex 단말장치로부터 문서를 수신할 때는 메모리에 저장한다.

– 도형문자 목록, 제어 기능 목록, 기본적인 페이지. 형식 내의 문장 및 첨자를 사용할 수 있다.

ⓒ 통신기능

– 단말장치의 통신 기능으로서 단말장치의 식별과 호출의 식별을 행한다.

– 단말기의 식별 : 국가 번호, 가입자 번호, 부가 정보, 가입자 약호에 의해 식별된다.

– 호출의 식별 : 수신 단말장치 식별정보, 발신 단말장치 식별정보, 날짜 및 시간, 보충 참조 정보에 의해 식별된다.

ⓓ 텔레텍스 서비스 : 공중망을 경유하여 문서 교환을 가능하게 하는 서비스를 말한다.

– 문서(정보)의 준비 : 로컬모드인 경우에는 메모리에 저장한다.

– 문서(정보)의 전송 : 호출의 선정, 문서의 전송, 호출의 해제

– 문서(정보)의 출력 : 문서의 표시

– 통신망 내의 부가 기능 : 지연배달, 단축주소 호출, 동시호출, 날짜 및 시간의 자동 표시, 요금통지등

ⓔ 텔레텍스가 대상으로 하는 데이터

– 텔레텍스의 문자 및 기호와 함께 그래픽 기호도 포함한다.

– 문자간격, 행간격, 특수용지선택 등의 조건이 제공된다.

④ **팩시밀리**(Faccimili) : 종이 위에 쓰여진 임의의 문자나 그림을 화상정보로 변환하여 통신하는 단말장치이다.

㉠ 종류

ⓐ G1 팩시밀리 : 1943년 영국의 Alexander Bair에 의해 팩시밀리에 대한 기본 기능이 등록되고 1968년 CCITT에 의해 G1 팩시밀리의 전송방식이 권고되었다. 전화망 교환망 이용

ⓑ G2 팩시밀리 : G1이 일본기업에 의해 전송시간을 개선한 것이다. 전화망 교환망 이용

ⓒ G3 팩시밀리 : 디지털 팩시밀리이다. 전화망 교환망 이용

ⓓ G4 팩시밀리 : 패킷 교환망, 회선 교환망, 종합 정보 통신망 등을 이용한 고속, 고해상도, 다기능의 문서 전송 등의 향상된 팩시밀리이다.

㉡ 팩시밀리의 처리 흐름도

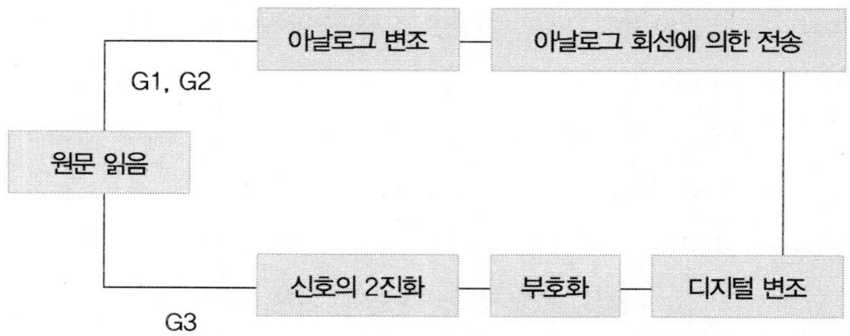

⑤ **화상 통신 회의 시스템** : 원격지에 있는 회의실 상호 간을 영상 및 음성 통신회선으로 연결하여 같은 장소에 모이지 않아도 화면을 통하여 상대방을 보면서 회의를 함으로써 회의 참가자 전원이 같은 장소에 있는 것과 같은 분위기로 회의를 진행할 수 있도록 한 시스템이다. 즉, 단말장치와 통신회선을 이용하여 정보를 상호 교환해 가면서 회의를 진행한다. 영상회의 시스템이라고도 한다.

⑥ **전자우편**(Electronic Mail) : 통신문을 팩시밀리나 컴퓨터 등을 이용하여 전자적인 방법으로 우송하는 시스템이다. 종류는 팩시밀리 이용 시스템, 메시지 교환 시스템, 전자사서함 등이 있다.

㉠ 팩시밀리 이용 시스템

ⓐ 전화망을 이용하여 문자, 도형 등을 복사기와 같은 전송 방법으로 상대방에게 전송하는 것으로 속달로 배달되는 전자우편 제도에 이용되고 있다.

ⓑ 장점은 기록성, 원형 전송, 취급의 용이성에 있다.

㉡ 메시지 교환 시스템

ⓐ 여러 곳에 설치해 놓은 단말기를 통해서 발신된 통신을 중앙컴퓨터로 통제할 수 있는 시스템이다.

ⓑ 사용자가 단말기로 메시지를 전송하면 중앙의 컴퓨터는 각 단말기에서 보내온 모든 메시지들을 지역별로 분류하여 목적지까지 전송한다.

㉢ 전자사서함 : 전자사서함 가입자가 자신에게 배정된 전자 우편함에 다른 곳에서 온 편지 등의 내용이 들어 있으면 찾아보도록 해주는 통신 시스템

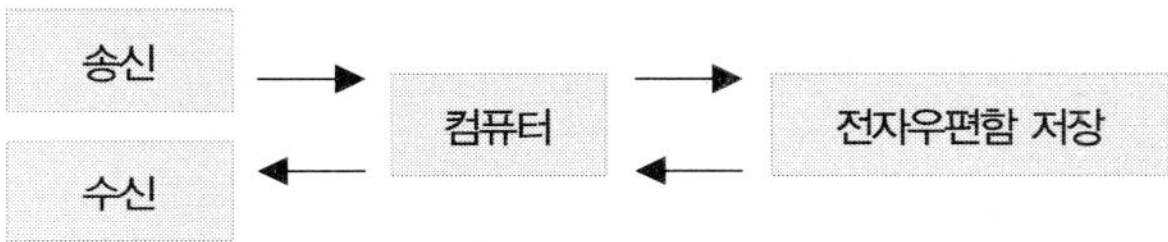

제3편
자동차 네트워크 시스템

C/O/N/T/E/N/T/S

1_ 미래 자동차 변화 방향

자동차는 전통적 기능인 운행과 관련된 엔진 및 기계 기술에서 편의, 안전 등의 서비스를 구현하기 위하여 자동차 내에 전장장비의 증가로 인한 새로운 환경 변화를 맞이하고 있다. 자동차의 운행과 관련된 엔진 및 기계 기술은 이미 1990년대 중반 일정 궤도에 올라 자동차 기업 간 더 이상 차별 요소로 보기 어렵게 되었다. 2000년대 들어서면서 디자인과 안정성이 중요한 경쟁 요소로 부상했으며, 2000년대 후반부터는 안전, 환경 및 에너지 효율, 인포테인먼트(infortainment) 기능의 중요성이 대두됐다. 그리고 미래 지능형 자동차는 편의와 안전 등의 서비스들이 더욱 발달할 것으로 전망된다. 이러한 기능을 구현하기 위해서 자동차 산업은 1990년대 부품 모듈의 개별제어 수준에서 점차 통합 모듈 제어 방식으로 진화되고 있으며, 기계장치의 정밀도를 높이는 차원을 넘어서 새로운 가치를 창출하기 위하여 자동차 내에 전기 전자장치(이하 "전장장치")의 증가로 인한 새로운 환경 변화를 맞이하고 있다.

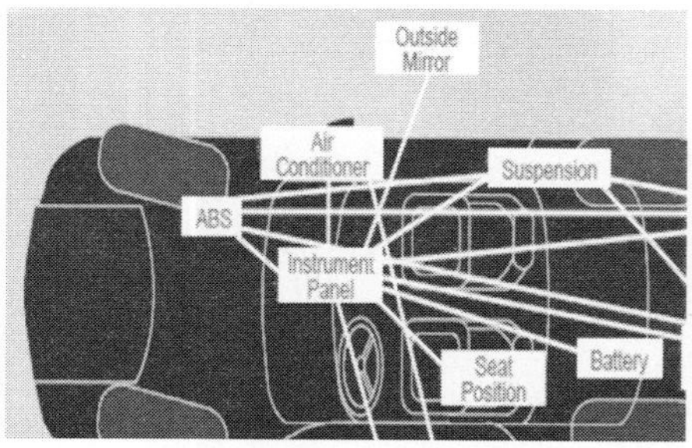

그림 3-1 Point to Point 방식

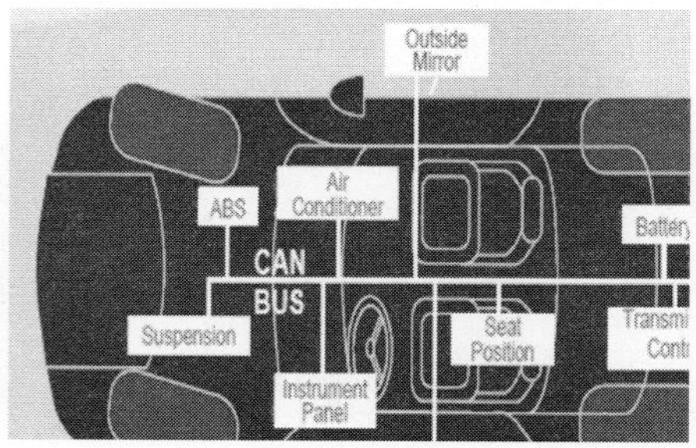

그림 3-2 CAN 통신방식

출처 : 전자통신동향분석, ETRI Article

이와 같은 전장장치의 증가는 전장제어장치(ECU)의 기능을 증가시키고 있고, ECU 모듈을 통해서 자동차 운전 환경을 보다 쾌적하고 안전하게 만들 수 있다. ECU 모듈은 CAN, LIN 등의 모듈과 상호 작용을 하게 된다. 이러한 다양한 전장장치를 통합 관리 및 통제하는 핵심 기술은 임베디드 소프트웨어이다. 따라서 임베디드 소프트웨어의 결함은 구매자의 안전뿐만 아니라 제품 이미지에도 악영향을 미칠 수 있기 때문에 자동차 전장장치 중에서 중요한 부분인 임베디드 소프트웨어 기술의 중요성이 커지고 있다.

일반적인 컴퓨터가 아닌 각종 전자제품이나 정보기기 등에 설치되어 있는 마이크로프로세서(Microprocessor)에 미리 정해진 특정한 기능을 수행하는 S/W를 내장시킨 시스템을 임베디드 시스템이라 하고, 여기에 내장된 소프트웨어가 바로 임베디드 S/W이다. 즉, 임베디드 S/W는 산업 및 군사용 제어기기, 디지털정보가전기기, 자동센서 장비 등의 기능을 다양화하고 부가가치를 높이기 위한 핵심 S/W로, 일상생활 속에서 쉽게 접하는 휴대폰, TV, 세탁기, 기차, 비행기, 엘리베이터 등의 제품 안에 내장된 임베디드 시스템에서 하드웨어를 제외한 나머지 부분이라고 할 수 있다.

최근의 IT 기술은 마이크로프로세서의 가격이 낮아지고 소형화 및 고성능화가 진행됨에 따라 제품 경쟁력의 핵심이 H/W 생산 기술에서 S/W 최적화 기술로 이동하는 변혁기를 맞이하여 임베디드 S/W가 탑재된 상품의 가치가 H/W보다는 S/W에 의해 좌우되는 기술집약적 고부가가치 산업으로 발전하고 있다.

자동차는 19세기 발명된 이래 수많은 변화를 거쳐 지금의 모습을 갖게 되었다. 앞으로도 자동차는 시대적 패러다임의 변화에 따라 변화할 것이며, 현재는 화석연료의 고갈, 환경오염 문제, 운전자의 편의성 확보 등이 자동차 변화를 요구하는 큰 요소이다. 이러한 요소를 수용하기 위한 미래의 자동차의 모습을 살펴보면 다음과 같다.

먼저, 화석 연료의 고갈 및 환경문제의 측면에서 석유는 40년, 석탄은 170년, 천연가스는 65년 정도 사용할 정도의 매장량이 남은 것으로 추정되고 있고, 또한 화석연료는 CO_2에 의한 지구 온난화, NOx 등 유해배기가스에 의한 산성비, 미세먼지에 의한 호흡기 질병 등 환경문제의 원인으로 지목되고 있다. 이러한 화석 연료의 고갈 및 환경문제의 대응책으로 촉매, 배기 재순환, 증발장치 캐니스터, 전자식 엔진제어, 공비조절장치 센서, 연료 인젝터 등을 활용한 엔진 완전 연소와 무연연료 및 함산소연료 등 청정연료 및 천연가스, 액화석유가스, 디메틸에테르, 바이오 디젤 등 대체연료 사용이 배기가스 저감에 기여할 것이다.

그러나, 이것은 저감책일 뿐 근본적인 해결방안이 아니므로 보다 고효율인 새로운 에너지원으로 현재의 내연기관을 이용하지만, 수소를 연료로 이용하는 수소자동차, 태양열, 연료전지(연료의 화학에너지가 전기에너지로 직접 변환되어 직류 전류를 생산하는 능력을 갖는 전지로서 원료가 되는 수소와 산소를 계속 공급해주면 끊임없이 전기를 생산) 및 축전지의 전기를 이용하는 전기자동차, 하이브리드 시스템을 사용한 하이브리드 자동차 등 저공해 자동차를 구현하는 방법을 모색하게 되었다.

한편, 소비자를 포함한 사회적 변화 측면에서, 유해성 배기물질 저감 규제 확대, 다양한 형태의 충돌에 대한 안전성, 높은 에너지 효율, 폐차 시 또는 교환부품의 재활용이 가능한 소재 적용, 멀티미디어 기능 및 편리한 운전을 요구하고 있다. 따라서 미래의 자동차는 이러한 요구를 수용하기 위하여 기존 동력원의 효율개선 및 새로운 대체에너지를 개발하고, 탑승객을 위한 다양한 편의장치 외에도 자동 주차시스템 등 보다 편리한 운전 기능과 멀티미디어 형태의 인포테인먼트 제공 기능을 수용할 것이다. 또한, MPV(multi-purpose vehicle)의 수요가 늘어남에 따라 다양한 형태로의 변환이 가능한 자동차, 교통사고로 인한 탑승자 피해의 최소화 및 초경량 고강성 친환경 신소재를 개발하고 있다.

이상의 내용을 바탕으로 예상할 수 있는 미래 자동차의 변화방향은 연비 향상을 위해 플라스틱과 비철금속으로 소재 변경을 통한 경량화, 저저항 타이어/고휘도 LED 등 부품 변경을 통한 에너지 효율 개선, 화석연료에서 벗어난 전기 또는 수소 동력원 전환 및 전기·전자적 집합체로의 재탄생이 될 것이다.

2_ 자동차 전자화 동향

자동차는 약 2만여 개의 부품으로 구성되어 있으며, 크게 사람이나 화물을 싣는 부분인 차체(body)와 엔진을 비롯한 동력전달장치, 조향장치, 현가장치, 주행장치 등 차체를 제외한 나머지 부분인 섀시(chassis)로 구성되어 있다. 그리고 자동차의 각 부분은 기계와 전자장비의 결합으로 이루어지고, 우리의 신체처럼 각각의 부속들이 유기적으로 연결되어 자동차의 본래 및 부수적인 목적을 달성할 수 있다.

이러한 시스템 엔지니어링 기술인 자동차 기술은 위에서 살펴본 안전, 환경 및 에너지 효율, 대체 에너지 적용, 편리성 및 안정성 향상 등 미래 자동차의 기능을 구현하기 위하여는 다수의 새로운 전장장치를 필요로 한다. 이에 따라 차량의 전자화가 빠르게 진행되고 있으며, 전장부품의 시장은 타 부품군 대비 향후 높은 성장세가 예상된다.

세계적인 자동차부품회사인 보쉬의 자료에 따르면 차량부품 중 전장부품 비율은 2010년 30% 수준에서 2020년 40% 수준으로 높아질 것으로 전망되고 있다. 또한 전장장치의 증가는 이를 제어하는 전장제어장치의 기능을 확대시키고 있으며, 이에 따라 전장제어장치를 운영하는 핵심기술인 임베디드 소프트웨어의 중요성도 커지고 있다.

차량 내에서 전장제어장치 기반의 전장 부분은 5개 분야로 나누어 볼 수 있다.

1) 차량 컨트롤 Break, Power Steering, 4Wheel Driver

2) Entertainment Radio, CD/DVD, TV, Audio System

3) Instrumentation Dash Board, Navigation Powertrain

4) Engine, Transmission, Changing Cruise, Cooling Fan, Ignition, 4Wheel Drive

5) Body Electronic Airbag, Climate, Security System, Memory Seat

3_ 미래 전장장치 서비스 및 기술

1. 텔레매틱스

텔레매틱스(telematics) 초기에는 긴급구조, 교통정보 및 주행안내 등 안전보안 및 운전자 지원정보 서비스가 주류를 이루었으나, 원격진단 등 차량관리 서비스와 더불어 제3의 인터넷 공간으로서 이동차량 환경에서도 사무실/가정에서 이용하던 서비스를 단절 없이 이용할 수 있는 차량의 모바일 오피스서비스로 발전하고 있다. 또한, 텔레매틱스 서비스가 활성화되면, 인포테인먼트 서비스, 비디오 폰, 화상회의 등 다양한 주문형 멀티미디어 서비스 분야가 크게 성장할 것으로 예상된다. 향후에는 텔레매틱스 서비스가 BcN, DMB, 콘텐츠, SoC, 임베디드 소프트웨어 등 타 성장 동력의 발전을 수용하는 종합서비스 산업으로 진화하는 한편, 광대역 무선망과 차량과 운전자의 정보를 처리하는 정보센터를 기반으로 보험, 정비 등 다양한 vehicle commerce를 창출할 것으로 전망된다.

텔레매틱스용 단말 플랫폼은 마이크로소프트 진영의 Windows CE for Automotive와 BMW, Ford 등의 업체가 중심이 된 Java for Automotive가 업체 표준으로 자리 잡기 위한 경쟁을 벌이고 있으며, 전체적인 흐름은 하드웨어나 운영체제에 무관하게 응용서비스가 가능하도록 API를 제공함으로써 새로운 서비스를 자유롭게 추가할 수 있는 표준 플랫폼을 지향하고 있다. 특히, OSGi는 번들이라는 애플리케이션 단위를 서비스 센터로부터 유무선 통신망을 통해 배포하여, 서비스 제공자, 장치 개발자 그리고 다른 업체들이 빌딩, 가정, 휴대폰, 차량 등 다른 운용 환경하에서 풍부한 서비스를 원격 및 동적으로 전달, 통합, 관리하도록 해주는 공통 플랫폼을 제공하는 개방형 소프트웨어 표준을 추진하고 있다.

2. X-by-wire 시스템

X-by-wire는 유압 등 기계적으로 작동해 오던 steer와 break 등의 기능을 전기적인 구동장치(actuator)나 모터, 전자제어 등에 의하여 실현시키는 기술이다. 이런 전자제어 방법은 기계적인 제어방법에 비하여 보다 섬세한 제어가 가능하기 때문에 안전성을 향상시키며, 운전지원기술 등의 개발에 필수적인 기술이다. 또한 케이블 등이 사라짐으로 인하여 자동차 경량화에 크게 도움이 되는 기술이다.

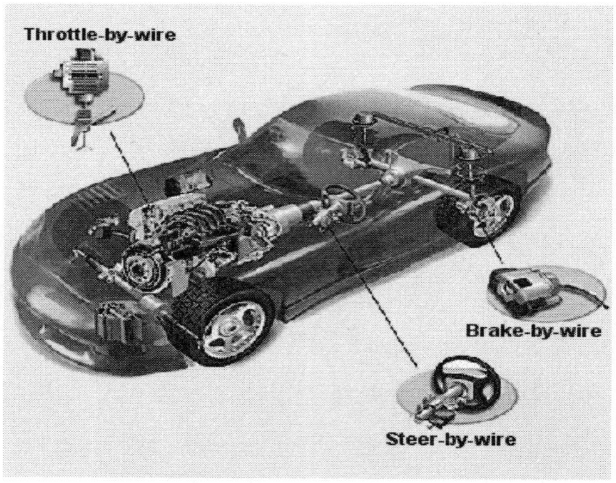

그림 3-3 X-by-wire

1) 스티어-바이-와이어(Steer-by-wire)

스티어-바이-와이어는 자동차의 조향에 "바이 와이어(by-wire)" 기술을 접목시켜 전혀 기계적인 링크를 가지지 않고 전기신호만으로 유압 또는 전동 보조력에 의해 조향을 제어한다는 개념이며, 끊어진 경우나 접속부분의 접속불량 등에 의해 신호가 전달되지 않으면 스티어 바이 와이어는 조향이 불가능하다. 따라서 시스템의 안정성과 신뢰성의 확보가 스티어-바이-와이어 시스템의 가장 중요한 요소이다. 이 스티어-바이-와이어로 인하여 부품의 패키징 향상, 승차감과 핸들링의 향상, 모듈화의 촉진 등 여러 가지 효과를 가져올 수 있다.

2) 브레이크-바이-와이어(Break-by-wire)

브레이크-바이-와이어는 운전자의 제동 의지를 페달을 통해 감지한 뒤 브레이크 오퍼레이션 유닛(brake operation unit)을 이용해 제동 유압을 형성하여, 각 휠의 제동압력을 조절하는 시스템이다. 현재 자동차에 적용되고 있는 ABS, ESP도 브레이크-바이-와이어의 한 형태이다.

3) 스로틀-바이-와이어(Throttle-by-wire)

스로틀-바이-와이어 기술은 자동차의 액셀 페달을 밟으면 센서가 액셀 페달의 위치를 감지한 후 모터를 조작해 스로틀 밸브를 열어주는 것이다. 이것은 운전자가 위험한 상황에서 액셀을 잘못 조작할 때 전장제어장치를 이용해 안전을 지켜줄 수 있는 기술이다. 이 기술로 눈길에서 액셀을 지나치게 밟아 바퀴가 헛도는 것을 막아주거나 코너링에서 과다한 엔진출력으로 차체가 미끄러지는 것을 막을 수 있다. 또한, 연료가 아닌 공기의 양으로 엔진출력을 제어할 수 있어 자동정속주행(크루즈 컨트롤)에서도 연비 향상과 매연감소에도 도움이 된다.

4) 스마트 에어백

스마트 에어백은 충돌 상황뿐만 아니라 승객의 착석 상황도 감지하여, 에어백이 적절한 양의 가스를 적절한 시간에 발생시키도록 스스로 판단하여 필요한 작동을 결정한다. 스마트 에어백에서는 우선 팽창가스발생기(inflator)의 다단화와 충돌 시 승객의 상황을 인지하는 것이 필요하다. 즉, 차량 충돌감도의 검출/결정, 승객들의 위치와 크기 데이터의 검출, 안전벨트 사용 여부 및 유아시트 존재여부 검출 등을 신속히 판단하여, 충돌 시 에어백과 승객 시트벨트 프리텐셔너(pretensioner)의 작동을 명령하여 승객의 상해를 최소화할 수 있도록 한다. 이러한 정보는 각종 센서를 사용하여 얻는데,

많은 센서들이 스마트 에어백에 적용하기 위해 개발되었거나 개발 중이다. 중앙처리장치는 각 센서로부터의 정보를 기반으로 컨트롤 모듈(control modules)을 이용하여 전면/측면 에어백뿐 아니라 시트벨트 프리텐셔너를 제어한다.

5) 차량거리 제어장치

자동차의 안전을 실현하는 다기능 안전장치 기술의 하나로 최근 실용화가 진행 중인 것이 차량거리 제어장치이다. 앞차와의 차간거리, 상대속도를 레이저 레이더나 밀리파 레이더로 측정하여 차간거리를 일정하게 유지하는 시스템이다. 기본적으로는 기존에 있던 정속 제어 기능을 보유한 정속 주행(auto cruise)장치에 감속제어, 가속제어 기능을 부가한 것으로, 가속은 엔진 출력제어로, 감속은 엔진 브레이크와 시프트다운 조합으로 하고 있으며 주행 시에 위험한 상황이 발생하면 자동적으로 브레이크가 걸리게 된다.

6) 기타 안전장치

시선 추적 시스템은 계기판에 놓인 카메라들을 이용해 운전자의 눈, 입과 같은 기준점을 추적하여 차 안에 위치한 컴퓨터로 운전자가 졸음의 초기 상태나 운전자의 시선을 주는 모든 곳과 눈을 깜박거리는 것까지 일일이 감시해 자동차 사고를 당하기 전에 경고를 보내게 된다.

전자식 주행 안정화 장치(ESP)는 위험한 상황에서도 자동차의 주행 안정성을 보장해주는 안전과 관련된 시스템이다. 운전자가 원하는 것과 다르게 자동차가 움직이게 되면 전자식 주행 안정화 장치는 이것을 인지하고 자동차 휠을 각각 별도로 제어함으로써 자동차를 안정화시켜 준다. 2세대 전자식 주행 안정화 장치에서는 타이어가 타이어와 노면 사이에 작용하는 힘을 측정하는 센서의 역할을 하게 된다. 일명 SWT 센서라고 불리는 이 장치는 기존의 센서시스템보다 조기에 자동차의 불안정상태를 인지할 수 있어서 전자식 주행 안정화 장치 시스템의 성능을 향상시켜 준다.

적외선 기술을 응용한 나이트 비전은 어둠 속에서 인간의 시각능력을 훨씬 능가하는 시각정보를 제공하여 운전자가 위험한 상황을 감지할 수 있도록 하여 자동차의 안전성을 배가시킨 획기적인 안전 장치이다. 또한, 이것은 상황에 따라 헤드라이트의 하향광선보다 3~5배 멀리 있는 대상을 볼 수 있게 할 뿐 아니라 다가오는 차량의 헤드라이트 불빛보다 더 멀고 넓게 볼 수 있도록 설계된 장치이다. 작동원리는 그림 안쪽에 설치된 적외선 카메라가 물체의 열에너지를 감지하여 흑백영상 이미지로 재현한 후 HUD 기술을 이용하여 운전석 정면 좌측 유리에 투영시키는 것이다.

7) 차량 네트워크 기술

차량에서 사용되는 전장제어장치의 증가에 따라 LIN, CAN 등의 차량 내부 네트워크 기술이 적용되어 사용되어 왔으며 최근 편의장치, 안전장치 등으로 인한 전장제어장치 수의 급격한 증가로 고용량 네트워크 기술인 플렉스레이(FlexRay) 등이 대두되었다.

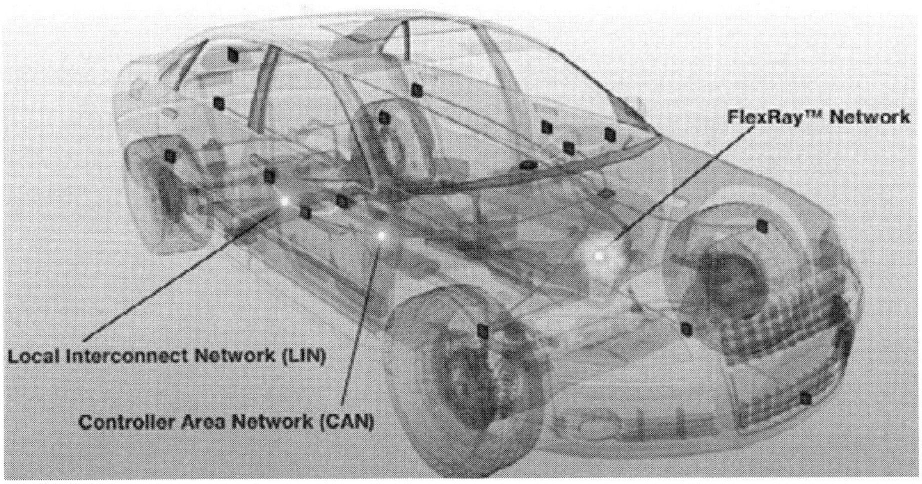

그림 3-4 자동차 네트워크

출처 : 전자통신동향분석, ETRI Article

또한, 정보 제공과 멀티미디어 등을 통한 엔터테인먼트 제공을 위해서 MOST나 IDB 1394(ITS Data Bus : 25~100M, Star/Tree 구조, MOST가 지원하지 않는 응용분야 사용) 등의 기술이 개발되었다. 차량 내부 네트워크 기술의 주요 규격을 간단히 정리하면 다음과 같다.

	LIN	CAN		MOST
		저속	고속	
응용분야	Actuator, Sensor (도어/미러/와이퍼)	바디	엔진/섀시	멀티미디어 (오디어/ 카내비게이션)
전송속도	19.6Kbit/s	1Mbit/s		24.5Mbit/s
버스 액세스	폴링	CSMA/CD		CSMA
사용 케이블	전기통신(단선)	전기통신(트위스트)		주로 광통신
통신 방식	싱글 마스터	멀티 마스터		싱글 마스트
채널	1ch	1ch		1ch

출처 : 전자통신동향분석, ETRI Article

제어용 네트워크 기술은 LIN, CAN이 대표적이며 CAN의 주요 보완점(1Mbps 속도, BUS 토폴로지, 이벤트 트리거링)을 개선하기 위해서 TICAN, TTP, 플렉스레이 등이 연구 적용되고 있다. TICAN은 2004년에 ISO 11898－4 표준(CAN 표준 part 4)으로 제정되어 있다. 향후 고속 제어용 네트워크에는 플렉스레이가 많이 사용될 것으로 전망된다.

차량 외부 네트워크 기술(out－vehicle network)은 차량을 중심으로 외부 인프라, 보행자, 도로, 차량 등 간에 통신할 수 있도록 하는 모든 네트워크 기술을 가리킨다. 텔레매틱스/ITS 기술의 범주와도 거의 일치한다. 약 10～20여 년 동안 차량 외부 네트워크 기술은 상용화되지 못했으나 최근에는 통신기술의 발달과 더불어 안정성, 편의성 이슈와 맞물려서 이러한 차량 외부 네트워크 기술이 차량에 적용되기 시작하고 있다. 이러한 차량 외부 네트워크 기술은 그 역사만큼 다양한 용어들이 존재하고 확실한 범위를 정의하기가 어려운 것이 현실이다.

4_ 차량용 임베디드 소프트웨어 기술

1. 차량용 임베디드 소프트웨어 특성

위에서 살펴본 바와 같이 미래 자동차는 메카트로닉스의 결정체인 자동차와 정보통신 기술의 융합으로 이동수단 위주의 자동차는 더욱 안전하고 편리한 자동차, 서비스 지향 자동차로 거듭나고 있다. 점차 편리와 안전 서비스를 제공하기 위한 자동차는 서비스 제공을 위한 센서와 제어기 및 구동장치로 이루어진 전장장치들이 보편화되고 있다. 또한 이러한 서비스는 전장제어장치들에 설계·설치되고, 차량 내부 네트워크를 통한 상호 연동으로 이루어진다.

한편, 전장제어장치는 일종의 차량용 임베디드 시스템으로 컴퓨터 하드웨어(마이크로프로세서 혹은 마이크로컨트롤러)와 소프트웨어가 조합되어 특정한 목적을 수행하는 컴퓨팅 장치를 의미한다. 또한 차량용 임베디드 소프트웨어란 마이크로프로세서 및 비휘발성 메모리(ROM, 플래시 메모리 등)에 내장되어 동작하는 운영체제, 미들웨어 및 응용 프로그램을 총칭한다. 차량용 임베디드 소프트웨어는 전장제어장치의 크기, 가격, 발열 등의 이유로 인하여 프로세서의 성능, 메모리 용량, 전원공급장치 등 제공되는 하드웨어 자원이 제한적이므로 경량화, 저전력 소비, 효율적인 자원 관리 등 하드웨어에 최적화되어야 한다.

한편, 임베디드 시스템 제품의 용도에 따라 연성 또는 경성 실시간 처리를 지원하여야 한다. 스마트 에어백에 내장되는 임베디드 소프트웨어는 다양한 센서로부터 충돌 상황뿐만 아니라 승객의 착석 상황도 감지하여, 에어백이 적절한 양의 가스를 적절한 시간에 발생시키도록, 경성 실시간성을 충족하여야 한다. 또한 안전성 관련 임베디드 소프트웨어는 오동작 및 작동 중지가 허용되지 않는 고도의 신뢰성이 요구된다. 예를 들어 차량거리 제어장치에서는 소프트웨어의 오동작 또는 불시의 작동 중지 등은 심각한 결과를 초래할 수 있다.

2. 차량용 임베디드 운영체제

차량용 임베디드 소프트웨어를 구성하는 대표적인 분야로는 전장제어장치를 지원하는 운영체제와 센서 네트워크를 위한 초소형 운영체제, 대부분의 임베디드 시스템에서 공동으로 사용할 수 있는 그래픽 시스템, 플래시 메모리 파일 시스템과 DBMS 등이 포함된다.

차량용 운영체제는 주어진 특정 시간 내 인터럽트를 처리하도록 보장하는 실시간 운영체제(RTOS)로 멀티 스레드(thread) 지원 및 스레드 간의 예측 가능한 동기화 방법 제공, 짧고 제한된 시간의 인터럽트 전달 지연과 처리, 실시간 스케줄링, 다양한 시스템에 적용할 수 있는 조립성 지원 및 편리한 사용자 개발 도구 지원 등의 특성을 갖추어야 한다.

한편, 자동차용 임베디드 시스템 표준화 문제를 해결하기 위해, 유럽의 자동차 업체들과 Motorola가 참여한 표준화 단체에서 만든 OSEK 운영체제는 차량용으로 설계된 실시간 운영체제이다. 이 운영체제 모듈은 OSEK 표준(ISO 17356-3)을 따르도록 규정하고 있다. OSEK 운영체제는 OSEK의 핵심적인 모듈로 실시간 운영체제 특성을 가지고 있다. OSEK 운영체제는 멀티 태스킹 기능, 이벤트/자원관리 기능, 인터럽트 기능 등을 제공한다.

한편, 차량용 센서 네트워크에서 사용되는 센서 노드의 운영체제는 사용 자원의 한계로 인하여 개발에는 많은 제약 사항이 있다. 운영체제가 10KB 정도로 작은 커널을 가져야 하고, 적은 용량의 건전지로 몇 년의 기간 동안 사용할 수 있는 저전력 기능을 제공해야 하며, 효율적인 자원 관리 및 저전력을 구현하는 통신 프로토콜 등을 제공해야 하는 특징을 지니고 있다. 기본 기능은 태스크 스케줄링과 메모리 관리, 장치 드라이버, 네트워크 스택, 응용 제작을 위한 API 등을 포함하며, 이들은 센서 노드에 적합하도록 설계, 구현되어야 한다. 또한, 전력 관리, 다양한 하드웨어에 대한 적응 기법, 분산 협력 수행에 대한 지원 등이 추가적으로 필요한 기능이다.

3. 차량용 임베디드 미들웨어

차량용 임베디드 미들웨어는 운영체제 또는 가상머신 환경에서 특정 응용 시스템 또는 서비스 지원을 위해 요구되는 소프트웨어 플랫폼이다. 대표적인 예로, AUTOSAR의 자동차 전장장치용 소프트웨어 플랫폼이 있다.

AUTOSAR는 자동차용 소프트웨어의 구조에 대한 실질적인 산업 표준을 개발하고 확립하기 위해 자동차 제조업체들과 자동차 부품 제조업체들이 공동으로 결성한 협력체이다. AUTOSAR는 자동차 소프트웨어의 개발을 자동차 제조회사의 전장 장치에 의존하지 않고 가능하게 하는 것이다. 이 목표 달성을 위해서 AUTOSAR는 하드웨어와 소프트웨어의 분리를 통하여 소프트웨어의 재사용성, 확장성 등을 향상시켜 복잡한 소프트웨어를 모델 기반으로 개발할 수 있는 도구 기반의 개발 방법론과 소프트웨어 플랫폼 표준화 활동을 하고 있다. 또한 AUTOSAR 소프트웨어 구조는 크게 AUTOSAR SW-C, RTE, BSW의 세 계층으로 나누어지며, 기본 설계는 RTE 개념을 도입하여 응용 SW-C와 하드웨어 관련 소프트웨어인 BSW를 분리함으로써, 하드웨어에 독립적인 응용 서비스를 개발할 수 있도록 하는 것이다.

대표적인 차량용 멀티미디어 플랫폼으로는 Microsoft CE, QNX, Android, Embedded Linux 등이 있다. 한편, 차량용 인포테인먼트 플랫폼의 표준화가 GENIVI에서 진행되고 있다. 이 기관은 공개 소프트웨어를 자동차에 도입하려는 목적으로 BMW 등이 추축으로 2009년 3월에 결성되었다. GENIVI는 개방형 차량용 인포테인먼트 플랫폼을 표준화하고, 공개 소프트웨어 기반의 자동차 헤드유닛(head unit) 플랫폼 명세를 정의한다. 이와 같이 표준화된 미들웨어 플랫폼을 사용하여 코드의 재사용성을 늘리고 적시성(time to market)을 높일 수 있는 장점이 있다.

1_ 자동차 통신

1. 자동차 통신의 목적

1) 자동차 통신 네트워크의 필요성

자동차 기술의 발달로 많은 ECM과 편의장치가 적용되어 전장품의 수가 많아지고, 따라서 배선도 증가하여 고장도 많이 발생할 뿐 아니라 고장진단 또한 매우 복잡하게 되었다. 이러한 문제를 줄이기 위해 자동차의 바디전장에 통신 네트워크를 적용하여 제어 아키텍처(architecture)를 집중 제어방식에서 분산 제어방식으로 즉, 1개의 ECM 제어방식에서 master-slave, multi-master 방식으로 통신 네트워크가 발전되었다. 통신 네트워크의 필요성은 다음과 같다.

① **기술의 발전** : 반도체, optical fiber, 소프트웨어 기술의 발전과 가격저하

② **소비자 성향의 안정화** : 안전하고 다양한 편의 사양을 갖춘 스마트한 차량의 요구

③ **차량의 변화**

㉠ 전장품 증가에 의한 와이어링의 증가 및 복잡함(중량 증가, 고장요소 증가)

㉡ 차량 전자장치 및 멀티미디어의 증가 : CD, DVD, AV, 내비게이션 등

㉢ 차량의 움직이는 사무실화 : 텔레매틱스(MOZEN), PDA 등

㉣ 지능형 차량 개발

㉤ 전자기술 변화에 대응 : plug & play

㉥ 간편한 업그레이드

2) 자동차 통신 네트워크 적용의 장점

① **배선의 경량화** : 제어를 하는 ECM들 간의 통신으로 배선이 줄어든다.

② **전기장치 설치장소 확보가 용이** : 가장 가까운 곳에 설치된 ECM에서 전장품 작동을 제어한다.

③ **시스템 신뢰성 향상** : 배선이 줄어들면서 그만큼 사용하는 커넥터 수의 감소 및 접속점이 감소하여 고장률이 낮고 정확한 정보를 송수신할 수 있다.

④ **진단장비를 이용한 자동차 정비** : 통신단자를 이용하여 각 ECM의 자기진단 및 센서 출력값을 점검할 수 있어 정비성이 향상된다.

2. 다중전송(MUX) 시스템

1) 다중전송(MUX) 통신의 개요

자동차의 각종 편의장치는 센서나 스위치를 통해 모터, 액추에이터, 전구 등을 구동하는 회로로 되어 있어 많은 배선이 필요하여 중량, 가격 및 정비하기 어려운 문제점이 있다. MUX 통신은 이러한 문제점을 해결하기 위하여 1 라인의 전선구조로 다수의 신호를 전송, 통신하는 통신 방식이다. ETACS는 다중전송 방식으로 ETACS와 운전석 모듈 사이에는 쌍방향 통신을, 조수석 모듈 사이는 단방향 통신을 하는 3개의 SUB 컴퓨터로 구성되어 있다(XG는 IMS 장착으로 4개의 SUB 컴퓨터로 구성). 다중통신을 MUX 또는 SWS(Simplified Wiring System)라 한다.

① MUX 통신의 구성

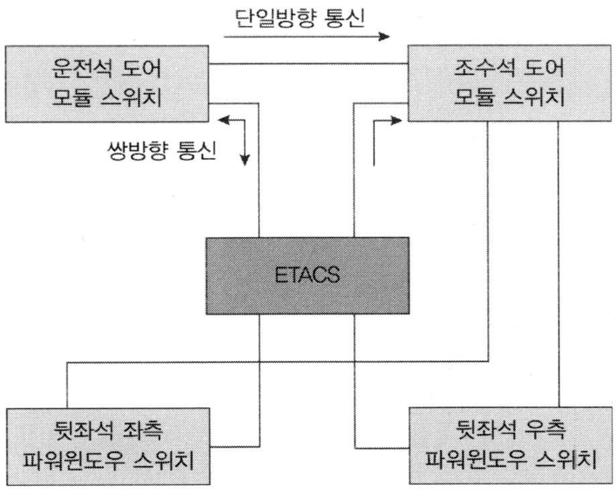

② **MUX 통신방법** : 한 개의 데이터 라인을 이용하여 여러가지 전장품을 작동시킬 수 있고 따로따로 제어도 가능하다. 각기 다른 신호들을 각각 다른 시간에 보내주고 TDM(Time Division Multiplex)을 사용하여 한 개의 데이터 라인을 통해 복수의 신호를 전송하는 통신방법이다. 송신 측에서 정해진 순서대로 "0" 또는 "1" 신호를 보내면 수신 측은 이 순서대로 수신한다.

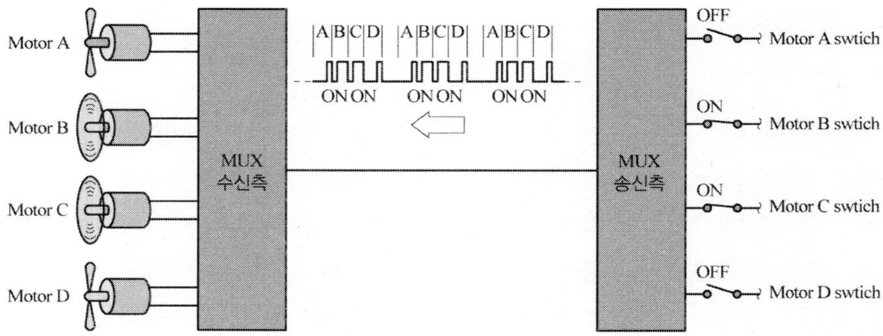

③ **MUX 통신에 의한 송신 측과 수신 측의 타임 차트** : 아래 그림은 다중 통신을 이용하여 모터가 구동되는 예로, 스위치 ON/OFF 데이터는 송신 측에서 고정된 주파수로 수신 측에 보내지게 되고 수신 측에서는 데이터의 지시에 따라 모터를 작동하게 된다.

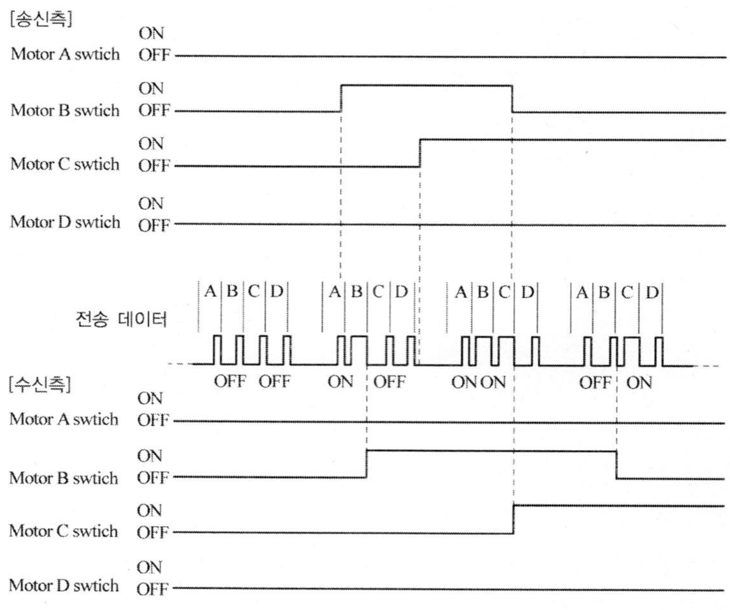

2) 데이터 프레임(data frame) 구조

MUX 전송 데이터 프레임은 16비트로 구성되고, 초기 H 레벨에서 L로 떨어져 200 ㎲가 경과할 때까지를 스타트 비트, 데이터 비트 출력 후, 다시 L → H 레벨이 300㎲가 되면 스톱 비트로 인식한다.

① **데이터 프레임 구성**: 프레임(frame)이란 주소와 프로토콜 제어정보가 포함된 완전한 하나의 단위를 의미한다.

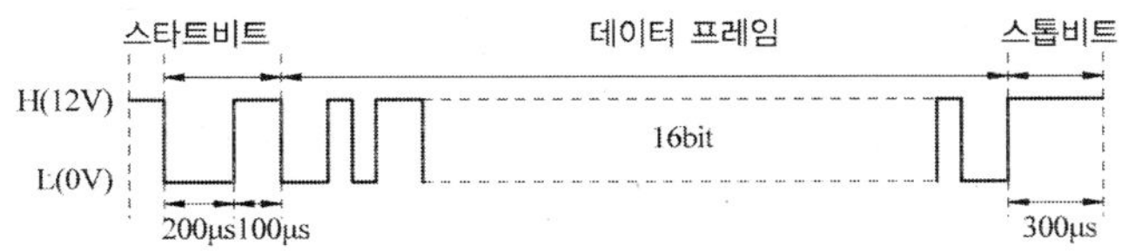

㉠ 데이터 "0"과 "1"

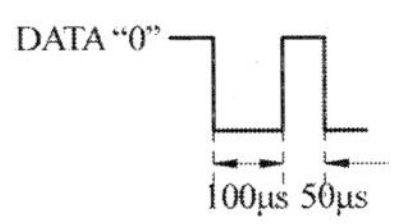

그림 3-5 데이터 "0"

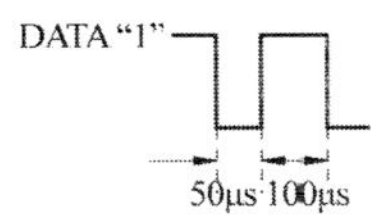

그림 3-6 데이터 "1"

㉡ 데이터 프레임의 세부구조

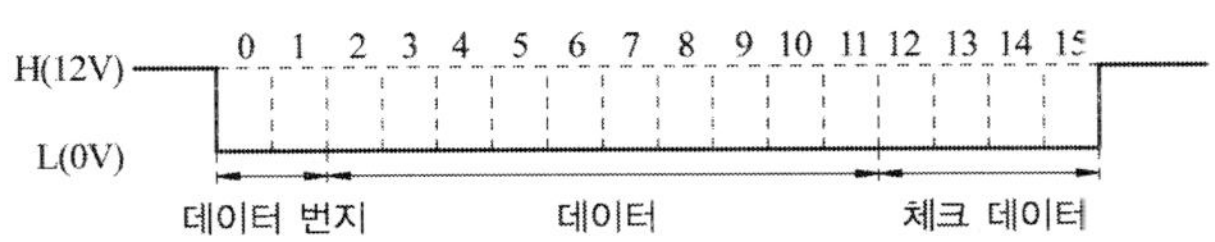

그림 3-7 데이터 프레임의 세부구조

② **데이터 번지**: 데이터 번지는 2bit 데이터 조합에 의해 3가지 타입이 정해진다. 데이터 1과 2는 운전석 도어모듈로부터의 출력이고, 데이터 3은 ETACS에서 나오는 출력이다.

Bit No. / 데이터	0	1	데이터 파형
DATA 1	0	0	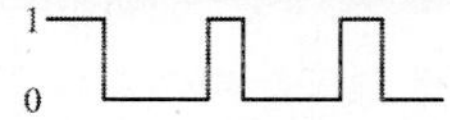
DATA 2	0	1	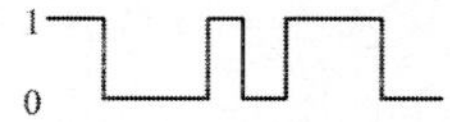
DATA 3	1	0	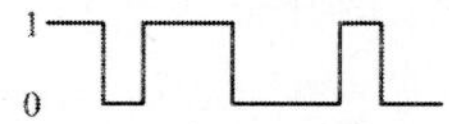

③ **데이터 구조**: 보통 1개의 데이터 프레임은 약 10가지 타입의 데이터가 전송되며, 데이터 번지 3가지 타입에 의해 약 30가지 데이터로 이루어져 있다.

Bit No Data Name	2	3	4	5	6	7	8	9	10	11
DATA 1	★	★	FR P/W UP SW ON 신호	RR P/W UP SW ON 신호	RL P/W UP SW ON 신호	리모컨 미러 UP SW ON 신호	리모컨 미러 Left SW ON 신호	★	P/W Lock SW ON 신호	0
DATA 2	★	★	FR P/W Down SW ON 신호	RR P/W Down SW ON 신호	RL P/W Down SW ON 신호	리모컨 미러 UP SW down 신호	리모컨 미러 Right SW ON 신호	★	리모컨 RH 미러 선택 신호	펄스 체크 입력 SW 신호
DATA 3	0	0	★	★	★	키리 마인더 기능 작동신호	★	★	0	0

★표는 자동차 상태에 따라 1 또는 0이 된다.

④ **데이터 전송의 예 :** 운전석 도어 모듈에 의해 조수석 파워 윈도우 down 시(FR P/W down)

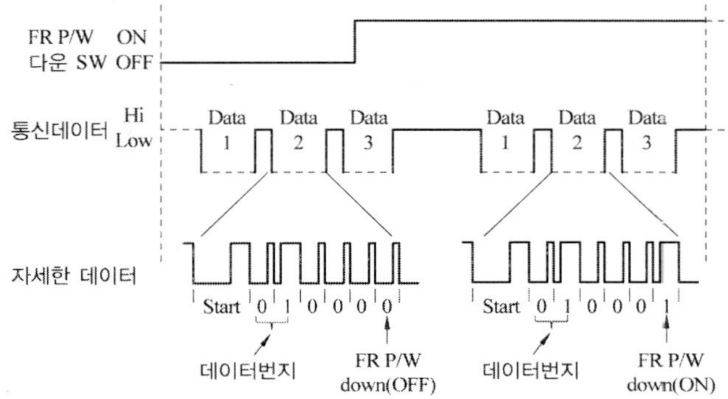

2_ CAN 통신과 LIN 통신

1. CAN(Controller Area Network) 통신

1) 개요

자동차 내의 서로 다른 전자장치(ECU) 간의 통신을 위한 통신장치로 초기에는 LAN 통신을 사용하였으나 LAN 통신은 제조사마다 통신방법이 달라 호환성이 결여되면서 1986년 Bosch가 개발한 자동차 전용 프로토콜인 CAN 통신방식을 표준으로 사용하게 되었다. CAN 통신은 시리얼 네트워크 통신 방식의 일종으로 여러 가지 ECU들을 병렬로 연결하여 각각의 ECU들과 서로 정보교환이 이루어져 우선순위대로 처리하는 방식이다. CAN 통신, LIN(Local Interconnect Network) 통신 모두 LAN(근거리 통신)의 일종이다.

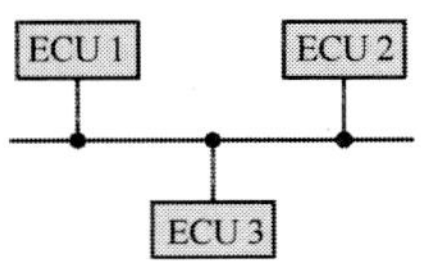

그림 3-8 CAN 통신의 Multi master 방식

2) CAN 통신의 장점

각각의 ECU들 간에 정보교환이 이루어지는 장점과 여러 가지 장치를 단지 2개의 선(Twisted pair wires)으로 컨트롤할 수 있다는 장점이 있다. 통신이 되는 라인을 BUS－A(CAN－H), BUS－B(CAN－L)라 하고 BUS란 데이터 전송라인을 의미한다. ETACS, I/P PANEL ECM, 운전석 도어모듈, 조수석 도어모듈이 2개의 BUS라인을 통해 같이 통신을 하여 정보를 공유, 교환하며 자신에게 필요한 데이터만 사용하게 되는 것이다.

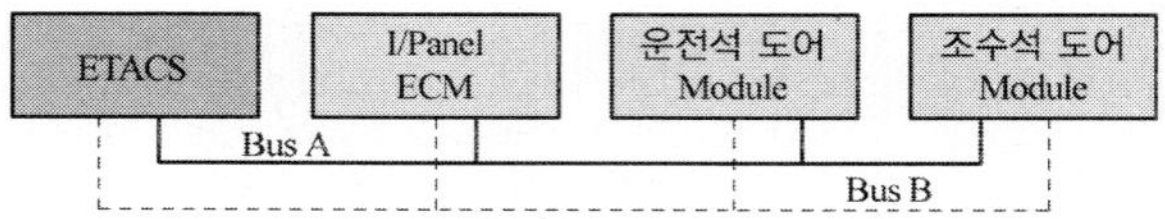

그림 3-9 메인 ECM 사이의 CAN 통신(ECUUS)

3) CAN의 특징

① Multi Master 방식 : 모든 CAN 구성 모듈은 정보 메시지 전송에 자유 권한이 있음
② 통신 중재 : 메시지가 동시에 전송될 경우 중재 규칙에 의해 순서가 정해짐
③ 듀얼(Dual) 와이어 접속 방식으로 통신선로 구성이 간편함
④ 고속 통신이 가능함
⑤ 신뢰성/안전성 : 에러 검출 및 처리성능 우수
⑥ 통신방식 : 비동기식 직렬통신
⑦ Low speed CAN : 125Kbps 이하, 바디전장 계통의 데이터 통신에 응용
⑧ High speed CAN : 125Kbps 이상, 실시간(real time) 제어에 응용

4) CAN 프로토콜 통신 : 4가지 frame type을 지원

① Data frame : 전송 노드(node)로부터 수신 노드로 데이터를 실어 나름
② Remote frame : 같은 식별자를 사용하는 데이터 프레임(data frame)의 전송 요청을 위해 하나의 노드에 의해 전송
③ Error frame : bus error가 발견된 어떤 노드에 의해 전송

④ Overload frame : 바로 앞과 다음 data frame 사이 또는 remote frame에 여분의 delay를 제공

5) CAN의 시스템 구성

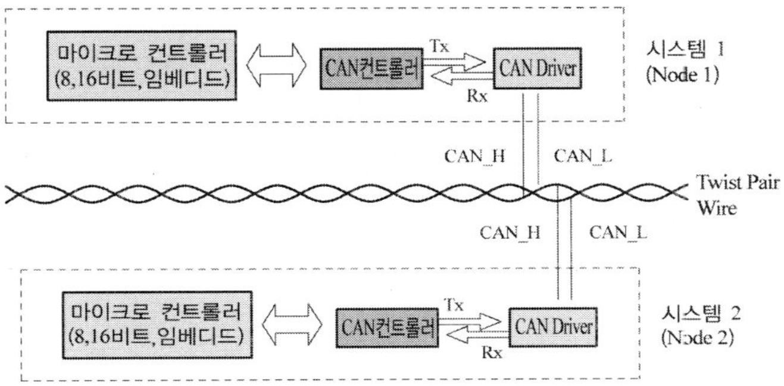

그림 3-10 CAN의 기본적인 시스템 구성

6) CAN 통신 Class 구분 : SAE 정의 기준

항 목	특 징	적용 사례
Class A	1. 통신속도 : 10Kbps 이하 2. 접지를 기준으로 1개의 와이어링으로 통신선 구성 가능 3. 응용분야 : 진단 통신, 바디전장(도어, 시트, 파워윈도우) 등의 구동신호&스위치 등의 입력신호	1. K-라인 통신 2. LIN통신
Class B	1. 통신속도 : 40Kbps 내외 2. Class A보다 많은 정보의 전송이 필요한 경우에 사용 3. 응용분야 : 바디전장 모듈 간의 정보 교환, 클러스터 등	1. J1850 2. 저속 CAN 통신
Class C	1. 통신속도 : 최대 1Mbps 2. 실시간으로 중대한 정보 교환이 필요한 경우로서 1~10[ms] 간격으로 데이터 전송 주기가 필요한 경우 사용 3. 응용분야 : 엔진, A/T, 섀시 계통 간의 정보 교환	고속 CAN 통신
Class D	1. 통신속도 : 수십 Mbps 2. 수백~수천 bite의 블록 단위 데이터 전송이 필요한 경우 3. 응용분야 : AV, CD, DVD 신호 등의 멀티미디어 통신	1. MOST 2. IDB 1394

7) CAN BUS의 전압 레벨

CAN 통신은 Low와 High 전압 레벨의 변화로 데이터를 송신하며, High Speed CAN(고속 캔)과 Low Speed CAN(저속 캔)의 두 종류가 있다.

① **High Speed CAN의 전압 레벨과 통신**: High Speed CAN은 CAN-H와 CAN-L가 2.5V 전압을 기준으로 상승 또는 하강하는 통신방법으로 데이터 전송속도가 매우 빠르나, 노이즈 발생으로 A/V 및 오디오에 영향이 있다.

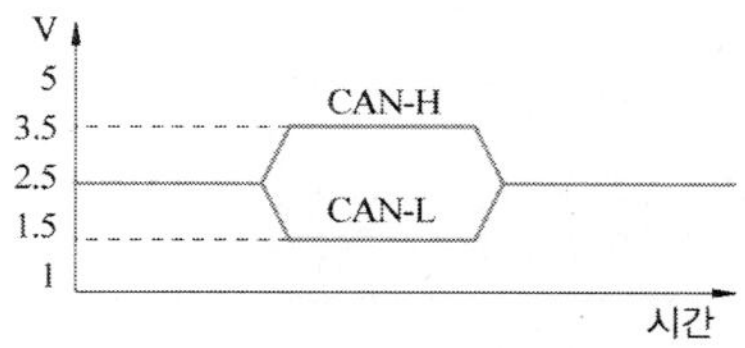

그림 3-11 High Speed CAN의 전압 레벨

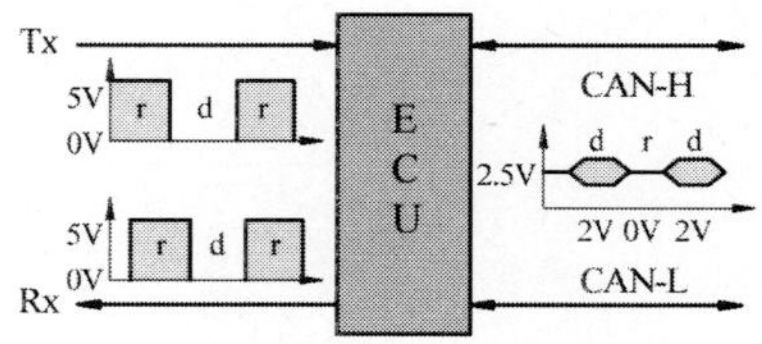

그림 3-12 High Speed CAN의 통신

② **Low Speed CAN의 전압 레벨과 통신**: CAN Low는 5V 전압이 걸려 있다가 데이터가 출력되면 약 1.4V로 하강하고, CAN High는 약 0V 전압이 데이터가 출력되면 약 3.5V로 상승한다. Low Speed CAN도 High Speed CAN과 같은 방식으로, 속도와 데이터 처리가 느리지만 잡음 발생이 적어 자동차 컴퓨터들 간의 통신방법에 사용된다.

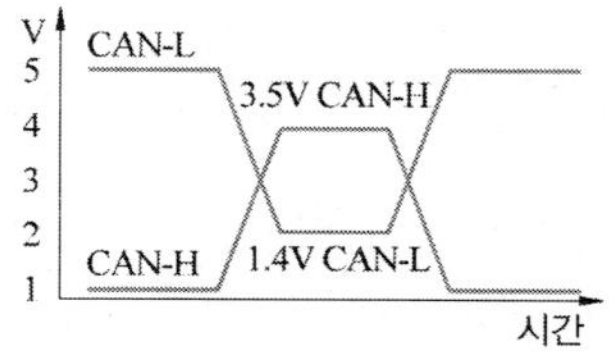

그림 3-13 Low Speed CAN의 전압 레벨

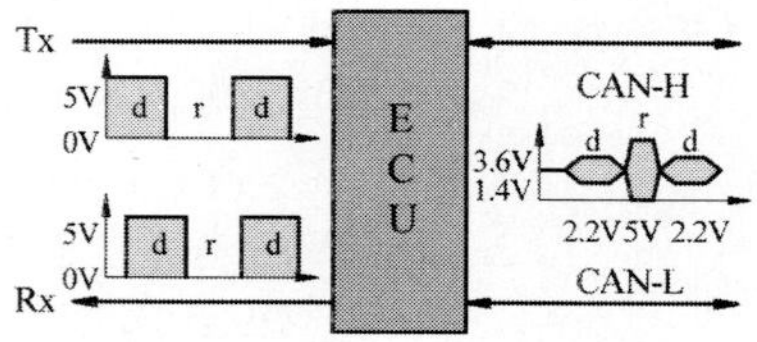

그림 3-14 Low Speed CAN의 통신

8) CAN 통신 파형

BUS-A 파형은 CAN-H 파형으로 데이터 출력 시 0V의 전압이 상승하고, 반대로 BUS-B 파형은 CAN-L 파형으로 데이터 출력 시 5V에서 하강한다. CAN 통신 파형은 통신속도가 빠르기 때문에 파형분석은 무의미하며, 아래와 같은 파형이 출력되면 통신라인 및 CAN IC는 정상으로 판정한다.

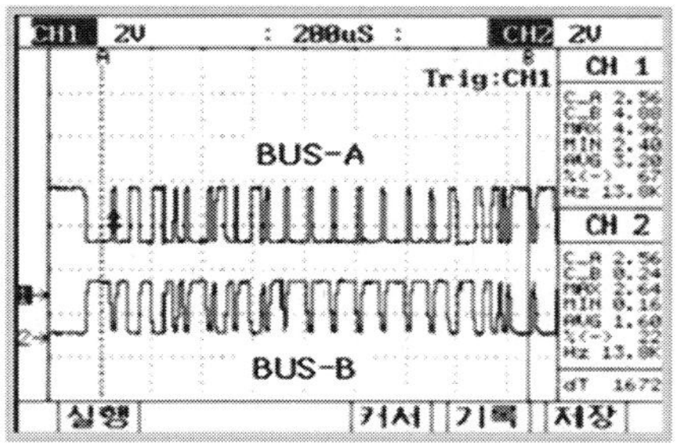

9) CAN 저항의 설치

통신은 전압에 대해 민감하므로, CAN 통신을 하는 ECM 내부에는 일정하게 전압을 유지하기 위해 통신라인에 약 120Ω의 저항을 설치하는데 이를 터미네이션 저항(종단저항)이라 하며, 이 저항에 의해 일정 전압레벨이 이루어져 정상적인 데이터 통신이 이루어진다.

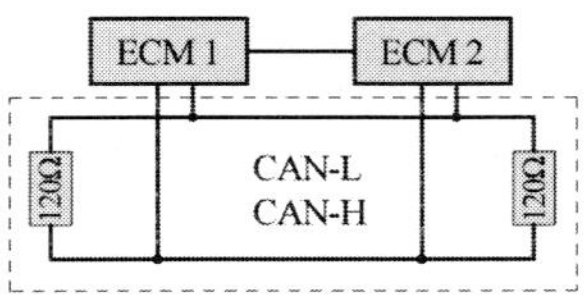

① 종단저항
- ㉠ 종단저항연결 이유
  - ⓐ 일정한 전류/일정한 전압레벨
  - ⓑ 노이즈 제거 필요
- ㉡ 종단저항 측정 시 유의사항
  - ⓐ 반드시 KEY OFF 상태에서 측정
  - ⓑ 배터리 탈착 후 측정하면 정확하나 배터리 탈착 시 고장현상이 없어질 수 있다.

㉢ 종단저항은 120Ω 저항 2개가 병렬연결

ⓐ 정상 시 종단저항 : 60Ω

ⓑ 단선/단락 시 종단저항 : 120Ω

② 자기진단점검단자

㉠ CAN HIGH : 3번

㉡ CAN LOW : 11번

③ 다기능체크커넥터

㉠ CAN HIGH : 9번

㉡ CAN LOW : 17번

④ CAN 통신 Error 종류

㉠ CAN BUS－OFF(송수신제어기 불량/배터리전원 쇼트/라인 단선/CAN High 접지쇼트/커넥터 불량)

㉡ CAN TIME－OUT(통신시간 초과/응답지연/제어기 자체고장/단품문제/전원문제)

㉢ CAN Message Error(송신제어기 고장/데이터 손상/규정값 이탈/커넥터접촉 불량/Check Sum 에러)

㉣ CAN Length Error

㉤ CAN Delated Error

2. CAN 통신과 LIN 통신

1) LIN 통신(LIN Bus)의 특징

LIN 통신은 차량에서 분산된 전자 시스템을 위한 직렬통신 시스템으로서 CAN 통신에서 제공하는 대역폭과 다기능을 필요로 하지 않고 액추에이터와 스마트 센서를 위한 저비용 통신을 가능하게 하여 매우 경쟁력 있는 가격으로 복잡한 계층적 다중 시스템을 생성, 실행, 처리할 수 있다.

2) LIN 통신 특성

① 저비용의 한 가닥 배선 사용

② 최대속도 20kbps/s(EMI 이유로 제한)

③ 싱글 마스터(single master)/멀티플 슬레이브(multiple slave) 개념

④ 보편적인 UART 통신을 바탕으로 하는 저비용 실리콘 구현
⑤ 다른 슬레이브 노드(node)에서 하드웨어나 소프트웨어를 변경하지 않고도 LIN 네트워크에 노드 추가 가능

3) 자동차 도어 미러에 LIN을 사용하는 이유

① 전방 미러에서 도어 미러로 변경
② 도어 미러 기능의 다양화
㉠ 미러의 X－Y 방향조정 및 조정 위치의 기억
㉡ 미러의 수납
㉢ 흐림 방지용 히터 부가
㉣ 방향지시등
㉤ 눈부심 방지
㉥ CCD 카메라(Charge Coupled Device camera)

4) X－by－wire 시스템(전자화 기능)

① throttle－by－wire(excel－by－wire, drive－by－wire, 전자 스로틀)
② steer－by－wire
③ brake－by－wire
④ suspension－by－wire

구 분	CAN	LIN
사용범위	파워트레인, 섀시제어기, 바디전장 사이의 통신	각종 편의사양 및 센서 간의 통신
사용목적	Real time(실시간) 제어	단순 ON/OFF 장치에 사용
배선구성	Twisted Pair Wire(5V) CAN－Hi, CAN－Low	Single Wire(12V)
제어방식	Multi Master	Single Master Multi Slave
통신속도	최대 125Kbps : Low speed 최대 1Mbps : High speed	최대 20Kbps
개발회사	Bosch	BMW, Volvo, 크라이슬러, 모토로라

3. 자동차 네트워크 비교

구 분	LIN	CAN		MOST	FlexRay
		B-CAN	C-CAN		
전송속도 (bps)	19.2K	10~125 Kbit/s	125K~1Mbit/s	24.8 Mbit/s	10 Mbit/s
적용시스템	도어/ 미러/ 와이퍼 (Actuator, Sensor)	바디	엔진/섀시	멀티미디어 (오디오/ 카네비게이션)	동력계통/ 섀시/ X-by-Wire

3_ 제작사 통신 시스템

1. 현대자동차 통신시스템

1) 통신 시스템 전체 구성도(TG 그랜저)

CAN 통신(main 통신)과 LIN 통신(sub 통신), 크게 2가지 통신 시스템을 이용하여 전기장치의 작동이 제어된다.

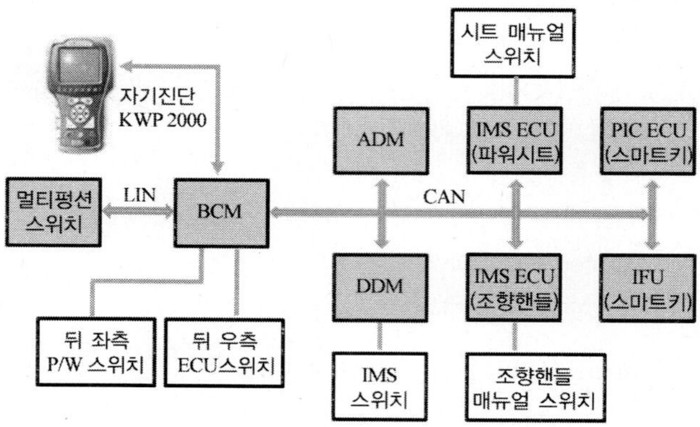

① **메인 통신 구성**(CAN) : 그랜저 TG 차량의 메인 통신 네트워크로 CAN 방식을 사용하며, 메인 모듈인 BCM과 DDM, ADM을 기본 구성모듈로 가진다. 3가지 기본 모듈 외에 옵션에 따라 IMS 파워시트 ECU, IMS 텔레스코픽 ECU, 스마트키 ECU(PIC ECU) 및 인터페이스 유닛(IFU)이 추가로 장착되어 최대 7개 모듈이 CAN 통신선을 이용하여 정보를 주고 받는다. BCM은 CAN 통신 구성 모듈 중 최상위 메인 모듈이며, 진단장비와 K－라인 통신을 통해 자기진단, 센서출력, 액추에이터 검사 기능 등을 지원한다.

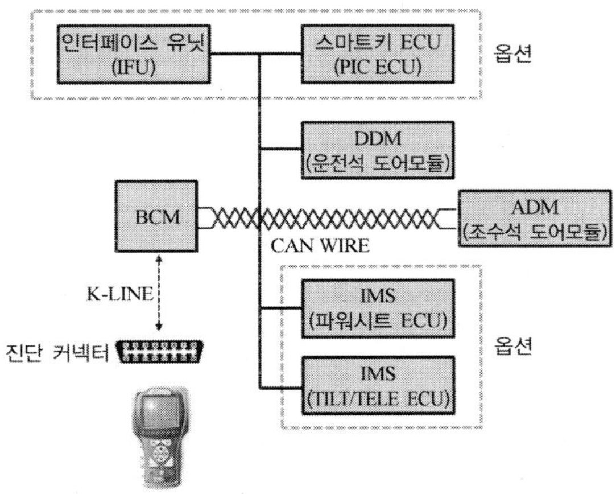

그림 3－15 메인 통신 구성(CAN)

② **서브 통신 구성**(LIN) : 그랜저 TG 차량의 서브 통신 네트워크로 LIN 방식을 사용하며, BCM이 Master ECU가 되고, 멀티펑션 스위치가 Slave ECU로 연결되어 양방향으로 정보를 주고 받는다. 멀티펑션 스위치는 와이퍼&와셔, 미등, 헤드램프 등 멀티펑션의 모든 스위치 신호들을 LIN 통신 라인을 통해 BCM으로 전송하고, BCM은 통신 Sleep/Wake up 신호 등을 멀티펑션 ECU 측으로 전송하여 LIN 통신 개시와 종료 명령을 내린다. LIN 통신선 단선 시 안전을 위해 Back－up 라인을 보유한다.

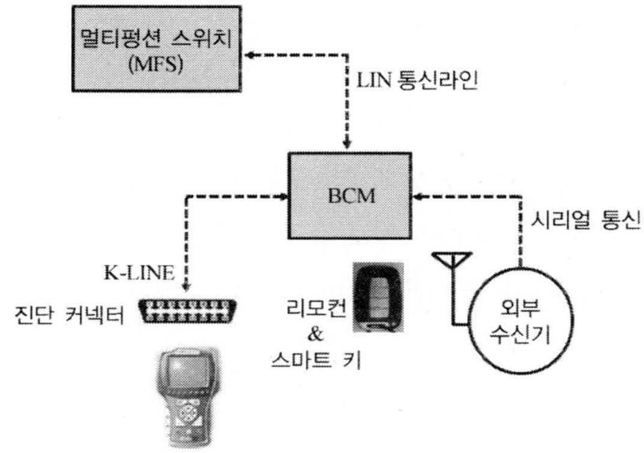

그림 3-16 서브 통신 구성(LIN)

2) 통신 시스템 전체 구성도(BH 제네시스, VI 에쿠스)

메인 통신인 CAN 통신과 각 서브 모듈 간의 LIN 통신, 또는 시리얼 통신을 이용하여 대부분의 전기장치 작동이 이루어진다.

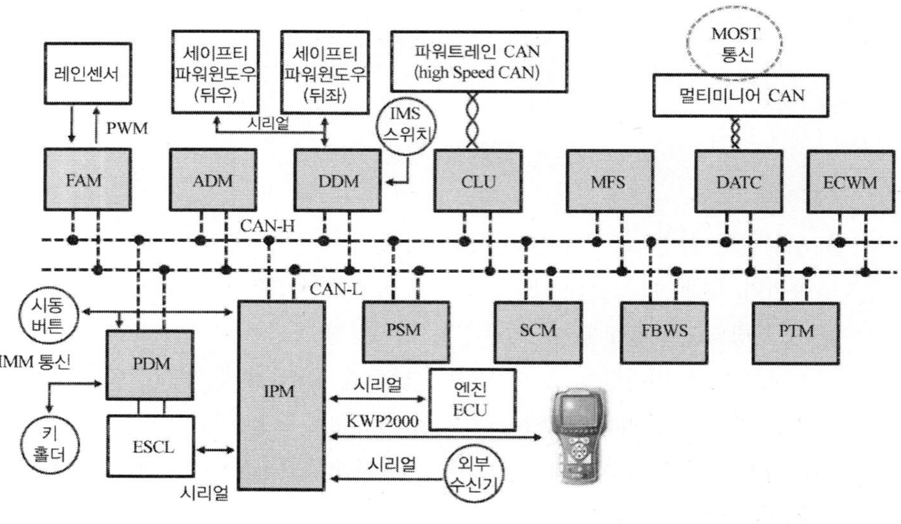

① **메인 통신 구성**: 제네시스 차량의 바디전장 시스템은 메인 통신으로 CAN 통신을 사용하며, 메인 모듈인 IPM과 FAM, DDM, ADM, CLU, MFS, ECWM으로 구성된다. 기본 모듈 외에 옵션에 따라 DATC, PDM, PSM, SCM, FBWS, PTM이 추가로 장착되어 최대 13개 모듈이 정보를 주고 받는다. IPM은 바디 CAN 통신 구성 중 최상위 메인 모듈이며, 진단장비와 K-라인 통신을 통해 자기진단, 센서출력, 액추에이터 검사 기능 등을 지원한다. 클러스터 모듈은 파워트레인 CAN과 바디전장 CAN과의 게이트 역할을, DATC 모듈은 멀티미디어 CAN과 바디전장 CAN과의 게이트 역할을 담당한다.

2. GM 통신 네트워크

1) 전체 통신 네트워크(WINSTOM)

총 17개의 전자제어 모듈 및 센서가 연결되어 있고, 5가지의 통신방식을 사용한다.

① High Speed GMLAN(HS-GMLAN)

② Low Speed GMLAN(LS-GMLAN)

③ High Speed CAN(HS-CAN)

④ Low Speed CAN(LS-CAN)

⑤ K-Line(UART): HS-LAN과 LS-LAN 통신은 BCM을 거쳐 서로 데이터를 교환하지만, 이외의 통신은 데이터 교환 없이 서로 독립적으로 작동하며, 스티어링 앵글 센서와 요레이트 센서는 실시간 빠른 ESP 연산을 위해 EBCM과 HS-CAN 통신을 한다.

2) 전체 네트워크 구성도

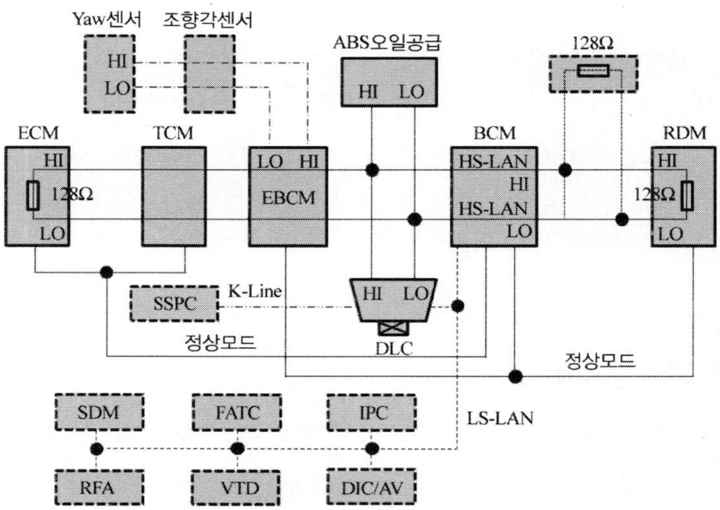

3) 전체 통신 네트워크(Vs300, ALPHEON)

총 40개의 전자제어 모듈 및 센서가 네트워트 통신으로 연결되며, GM Global Electrical Architecture(Global A)라는 표준에 기반하여 6가지 통신방식을 사용한다.

① HS – GMLAN(지엠랜 하이스피드 통신 : 꼬인 2선 – 고속) : 파워트레인 제어
② MS – GMLAN(지엠랜 미들스피드 통신 : 꼬인 2선 – 중속) : 핸즈프리 제어
③ LS – GMLAN(지엠랜 로우스피드 통신 : 1선 – 저속) : 전장 제어
④ LIN Bus(린 통신 : 1선 – 저속) : 파워 윈도우/선루프/이모빌라이저
⑤ Chassis Expansion Bus(샤시 통신 : 꼬인 2선 – 고속) : ESC 제어
⑥ COMM Bus(기타 통신) : RFA – BCM

4_ ROVITEK USB2CAN

1. 개요

USB2CAN은 Host PC에서 USB 포트를 이용하여 CAN BUS에 쉽게 접근할 수 있게 해주는 USB to CAN BUS 어댑터 모듈이다. 일반적으로 CAN은 Multi－Master 통신으로 주로 자동차 산업이나 분산 제어를 요하는 분야에서 주로 이용되어 왔으나 CAN을 사용하기 위한 작업들이 보편화되지 않아서 처음 접하는 사용자들의 접근이 어려웠다. USB2CAN는 PC상의 USB를 통해 CAN을 접근하도록 하여 쉽게 사용할 수 있도록 만들어졌다.

2. 치수(mm)

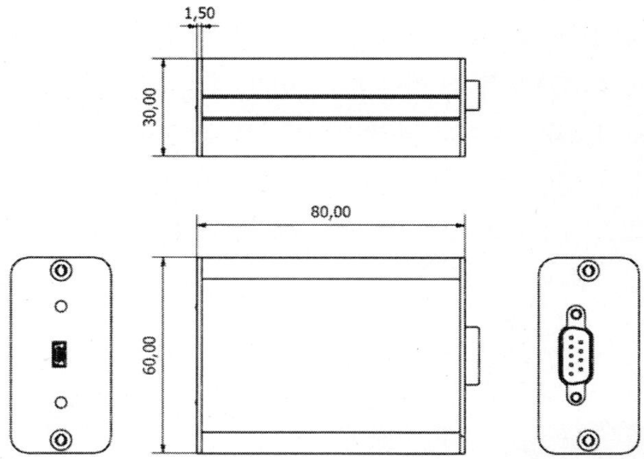

1) 구성

USB2CAN 1개, USB 케이블 1개, mini CD 1장

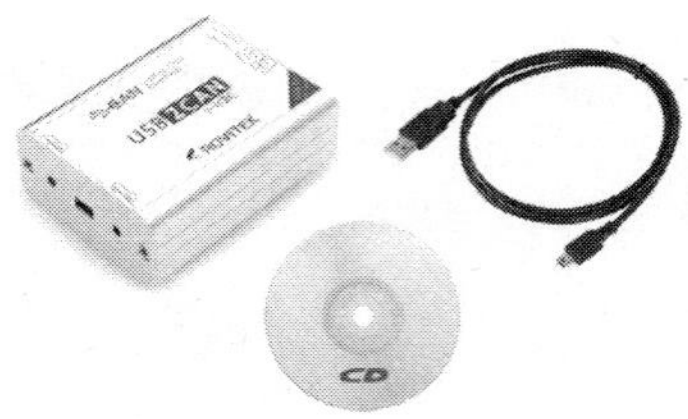

3. 연결방식 및 LED 동작 정보

1) 연결방식

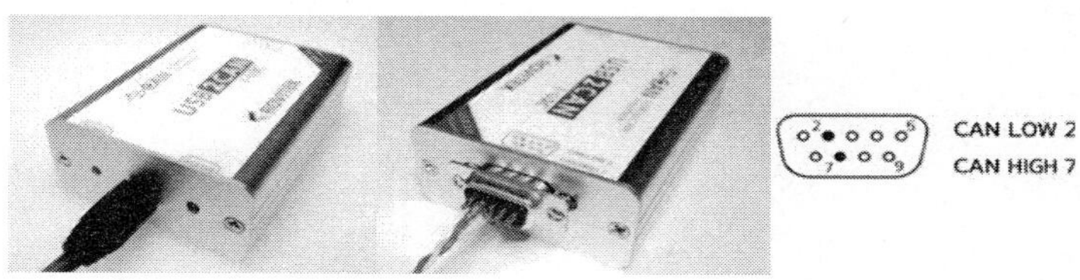

PC 측은 Mini USB AB로 연결되며, 전원은 USB의 전원을 이용합니다. CAN BUS 단은 D-SUB 9pin 커넥터를 이용해 연결하게 되며, PIN의 배치는 그림과 같다.

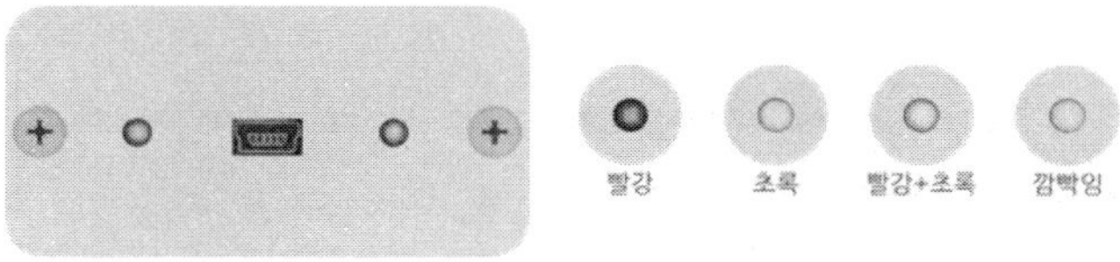

2) Power LED(그림 좌측)

USB 연결 시 빨간색으로 켜지고, 동작(Start) 시 초록색이 깜빡인다.

3) Status LED(그림 우측)

TX 명령을 보낼 때(더블 클릭)마다 초록색이 On/Off 상태가 토글하며, 토글할 때마다 수신하는 RX Data가 있으면 빨간색이 발광하고, 경우에 따라 둘 다 켜질 경우 주황빛(연갈색)으로 점등

4. USB2CAN Monitoring Tool

1) 개요

New USB2CAN Monitoring Tool은 USB2CAN(I-U2C-CA-200)을 위한 전용프로그램으로서 CAN BUS로 데이터를 송/수신할 수 있으며, CAN 통신 속도 설정, 송/수신 데이터 저장/불러오기 기능을 갖춘 프로그램이다.

2) 특징

① **인터페이스**: PC Side(USB)-Device Side(CAN)
② CAN BUS를 이용하는 장치에 Data 모니터링
③ CAN Baudrate 1000K, 500K, 250K, 200K, 125K, 100K, User(사용자 정의) 설정값 제공
④ 다양한 타입의 데이터를 전송 및 수신 가능(short, int, long, float, double)
⑤ 송/수신 데이터를 저장하거나 저장된 데이터 불러오기 가능

3) 화면구성

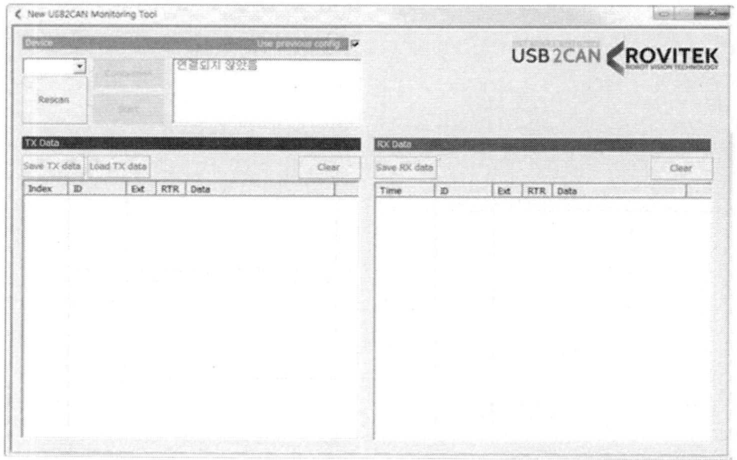

4) 사용법

① USB2CAN 연결(Power LED 빨강 켜짐) 후 'Rescan'하면 리스트에 Dev1, 2…로 장치가 출력되고, Connect가 활성화된다.

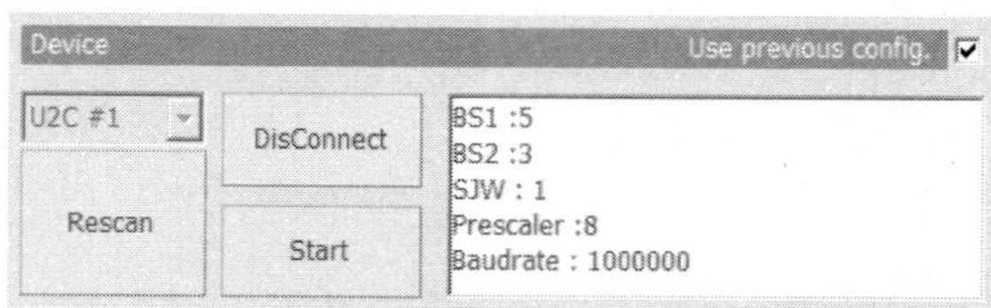

② Connect를 클릭하면 Baudrate 1000k(기본 속도값)로 장치와 연결. CAN 접속 환경 변경은 'Use previous config.'의 체크를 해제한 후 재연결(DisConnect후 Connect를 다시 클릭)하면 팝업된다.

③ 'Start'를 클릭(Power LED 초록 점멸)하면 USB2CAN 기능이 동작(Enable)하고, 'TX Data' 영역의 표 안에서 마우스를 우클릭하면 값을 입력할 수 있는 CAN Message Editor가 팝업된다.

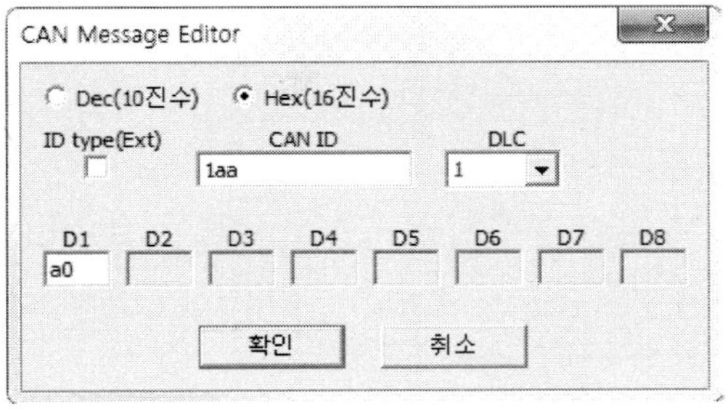

CAN Message Editor는 표 안에서 마우스 우클릭 시 나타나며, 입력된 값 위에 마우스 포인터를 두고 마우스를 우클릭하면 해당값 수정으로 동작한다.

제4편
등화 및 편의장치

C/O/N/T/E/N/T/S

제1장
기계 및 등화장치

자동차의 운전 상황을 쉽게 판단하여 교통의 안전을 도모하고 쾌적한 운전을 할 수 있도록 각종의 계기류가 운전석의 계기판에 설치되어 있다. 그 주된 것은 속도계, 수온계, 유압계 등으로 일반적인 측정기와 달리 좋지 않은 조건에서 사용되기 때문에 다음과 같은 조건을 만족해야 한다.

① 소형이고 가벼우며, 내진성이 있을 것
② 구조는 간단하고 판독하기 쉬울 것
③ 가격이 저렴하고 내구성일 것
④ 지시가 안정되어 있고 확실할 것

1_ 계기

1. 속도계(speed meter)

속도계는 자동차의 속도를 1시간당 주행 거리로 나타내는 지시계로 아날로그의 자석식과 디지털식으로 분류된다. 또한 속도계는 일반적으로 총 주행 거리를 나타내는 적산계 및 수시로 적산수를 0으로 세팅시켜 주행하는 거리를 측정할 수 있는 구간 거리계가 조합되어 있다.

1) 자석식 속도계

그림 4-1은 자석식 속도계를 나타낸 것으로 차속의 지시는 그림에 나타낸 것과 같이 변속기 출력축의 회전이 케이블에 의해서 속도계에 전달되어 나타낸다. 속도계의 구동부와 일체로 되어 있는 자석이 회전하면 회전자는 큰 전류가 발생하기 때문에 자석의 회전속도에 비례하는 회전력이 발생한다.

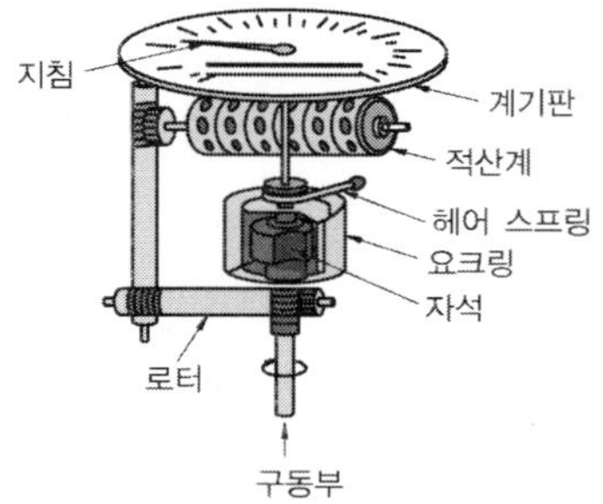

그림 4-1 자석식 속도계

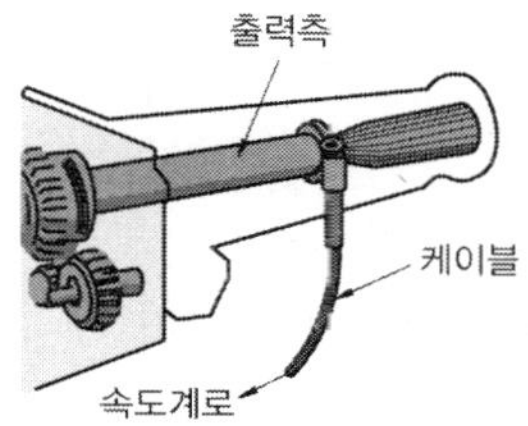

그림 4-2 속도계 케이블의 접속

2) 디지털식 속도계

그림 4-3은 디지털식 속도계를 나타낸 것으로 차속을 검출하는 차속 센서와 속도계 유닛으로 구성되어 있으며, 변속기 출력축에 설치되어 회전하는 케이블의 회전속도가 차속 센서에 의해서 전기 신호로 변환된다. 이 전기 신호를 속도계 유닛 내의 컴퓨터가 계산하여 차속이 숫자 또는 그래프적인 디지털로 표시된다. 속도 표시부는 형광 표시관이나 액정 표시에 의해서 나타낸다.

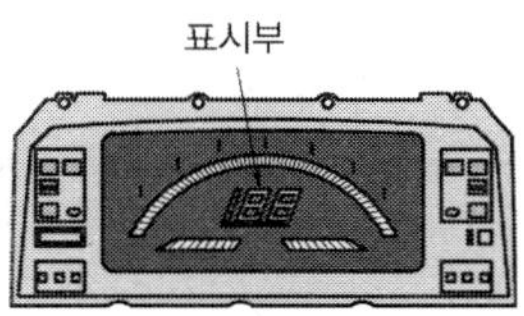

그림 4-3 디지털 속도계

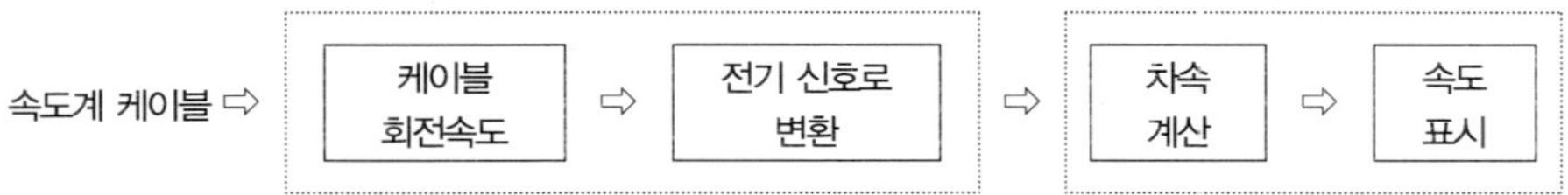

그림 4-4 속도계의 블록 다이어그램

2. 유압계(oil pressure gauge)

유압계는 오일의 압력을 나타내는 게이지로 저항의 변화를 이용하여 유압을 나타내는 밸런싱 코일식과 열팽창을 이용하여 유압을 나타내는 바이메탈식 및 전구의 점등으로 나타내는 인디케이터 전구식으로 분류된다.

1) 밸런싱 코일식(balancing coil type)

밸런싱 코일식은 그림 4-5와 같이 회로에 스위치를 통하여 2개의 코일 L1과 코일 L2에 전류가 흐르면 코일에서 형성되는 자력에 의해서 지침의 축에 설치되어 있는 가동 철편을 서로 당기는 힘이 발생된다.

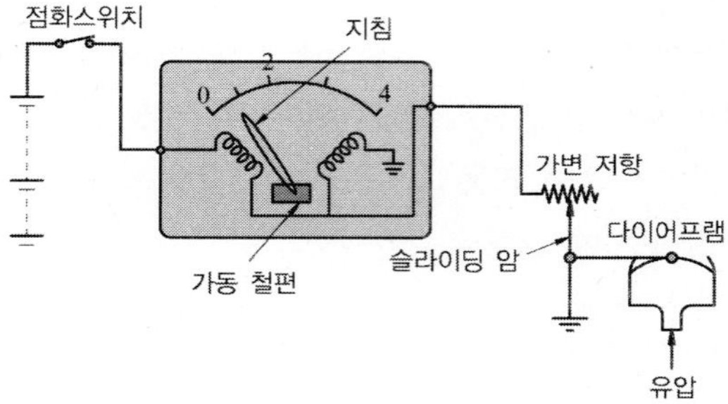

그림 4-5 밸런싱 코일식 유압계

2) 바이메탈식(bimetal type)

바이메탈식은 바이메탈의 성질을 이용하여 유압을 나타내는 게이지로 유압을 나타내는 게이지 유닛과 유압을 감지하는 센더 유닛으로 구성되어 있다. 그림 4-6과 같이 센더 유닛과 게이지 유닛의 바이메탈에 감은 열선이 직렬로 결선되어 있기 때문에 축전지 전류는 게이지 유닛의 열선을 통하여 센더 유닛의 열선 및 접점을 경유하여 접지로 흐른다.

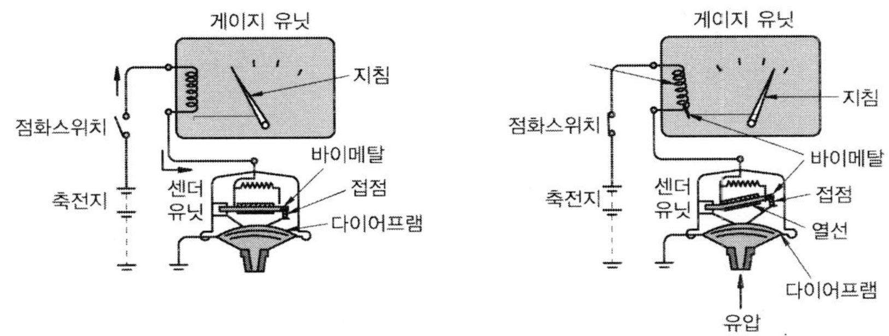

(a) 작동 전의 상태 (b) 작동 과정중 상태

그림 4-6 바이메탈식 유압계

3) 인디케이터 전구식(indicator lamp type)

인디케이터 전구식은 유압이 규정값에 도달하게 되면 그림 4-7과 같이 유압 스위치를 이용하여 인디케이터 전구를 점등 또는 소등시켜 나타낸다. 유압이 규정값보다 낮은 경우에는 다이어프램이 수축되므로 유압 스위치의 접점은 스프링의 장력에 의해서 닫히기 때문에 인디케이터 전구는 점등된다.

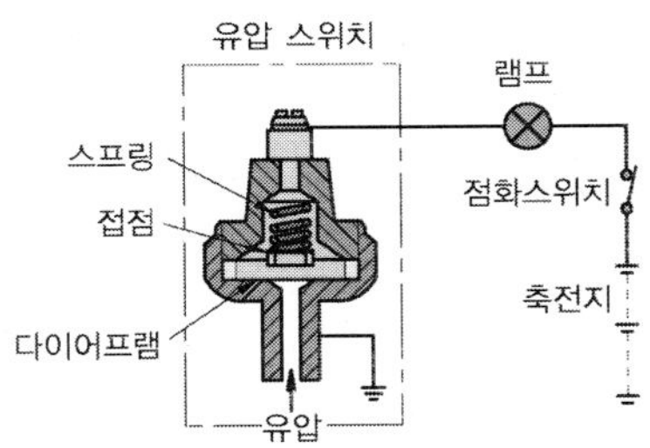

그림 4-7 인디케이터 전구식

3. 수온계(water temperature gauge)

1) 바이메탈식(bimetal type)

센더 유닛으로 사용되고 있는 서미스터는 온도가 낮아지면 저항값이 크고 온도가 상승함에 따라서 급격히 저항값이 감소되는 성질의 특성이 있다. 냉각수 통로에 설치되어 있는 서미스터는 게이지 유닛의 열선과 직렬로 접속되어 있으므로 수온이 낮은 시간 동안은 서미스터의 저항은 증가하여 회로에 흐르는 전류가 감소하므로 열선의 발열에 의한 바이메탈의 변형이 없기 때문에 지침은 저온 C쪽으로 표시하게 된다. 또한 수온이 상승하면 서미스터의 저항은 감소하여 회로에 흐르는 전류가 많아지므로 열선은 발열의 온도가 높아지기 때문에 그림 4-8과 같이 바이메탈은 크게 변형되어 지침은 고온 H쪽으로 표시하게 된다.

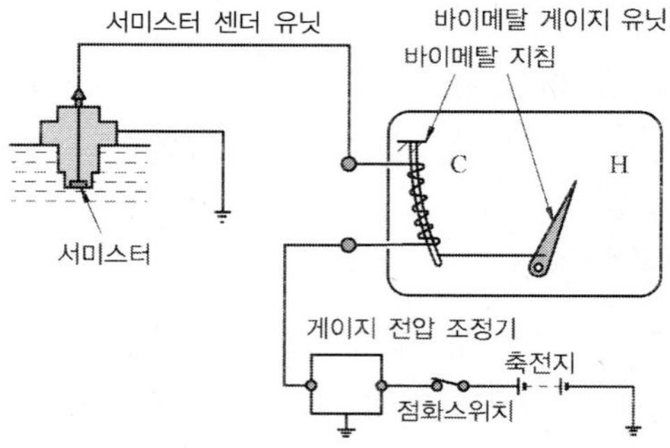

그림 4-8 바이메탈식 수온계

2) 밸런싱 코일식(balancing coil type)

밸런싱 코일식은 그림 4-9와 같이 회로에 스위치를 통하여 2개의 코일 L1과 L2에 전류가 흐르면 코일에서 형성되는 자력에 의해서 지침의 축에 설치되어 있는 가동 철편을 서로 당기는 힘이 발생한다.

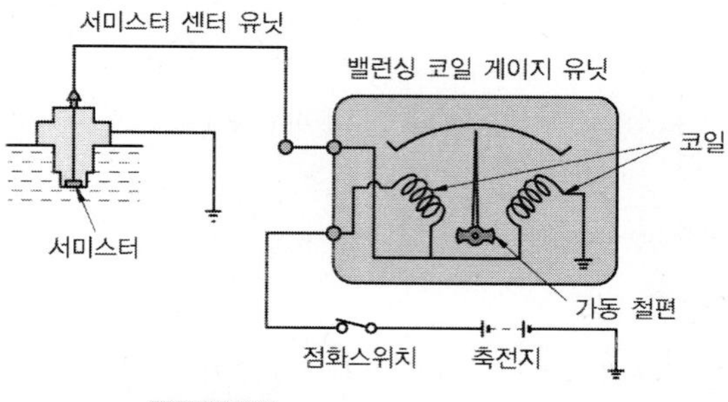

그림 4-9 밸런싱 코일식 수온계

4. 연료계(fuel gauge)

1) 바이메탈식(bimetal type)

바이메탈식은 그림 4-10과 같이 센더 유닛과 게이지 유닛이 직렬로 접속되어 연료의 양을 나타내는 게이지로 연료 탱크에 연료가 만재되어 있는 경우에는 플로트가 상승하여 가변 저항의 섭동 접점은 저항값이 감소하는 방향으로 이동하여 회로에 흐르는 전류가 많아지기 때문에 게이지 유닛의 바이메탈이 크게 변형되므로 지침은 F쪽을 표시한다.

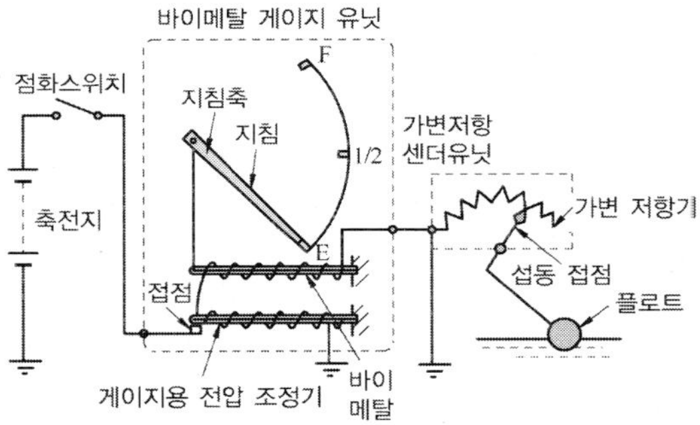

그림 4-10 바이메탈식 연료계

2) 밸런싱 코일식(balancing coil type)

밸런싱 코일식은 그림 4-11과 같이 회로에 스위치를 통하여 2개의 코일 L1과 코일 L2에 전류가 흐르면 코일에서 형성되는 자력에 의해서 지침의 축에 설치되어 있는 가동 철편을 서로 당기는 힘이 발생한다.

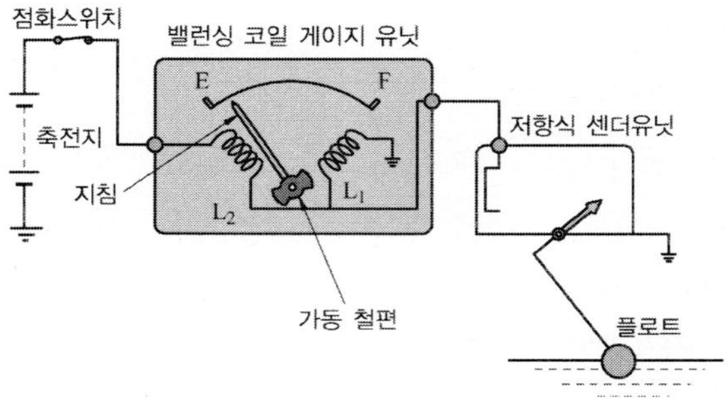

그림 4-11 밸런싱 코일식 연료계

5. 전류계(ampere meter)

전류계는 축전지에 충전 및 방전되는 전류를 나타내는 미터로 그림 4-12와 같이 영구자석과 가동철편 및 코일로 구성되어 있다. 전류계는 그림 4-13과 같이 영구자석에서 형성되는 자계와 전류 코일에 흐르는 전류에 의해서 형성되는 자계의 합성 자계로 가동철편이 작동하므로 충전 전류가 흐르는 경우에는 지침이 충전 쪽으로 이동한다.

반대로 축전지가 방전되는 경우에는 전류 코일에 흐르는 전류의 방향이 충전의 경우와 반대가 되므로 가동철편에 형성되는 자력선의 방향도 반대가 되지만 영구자석에 형성되는 자력선은 변화가 없기 때문에 지침은 방전 쪽으로 이동한다.

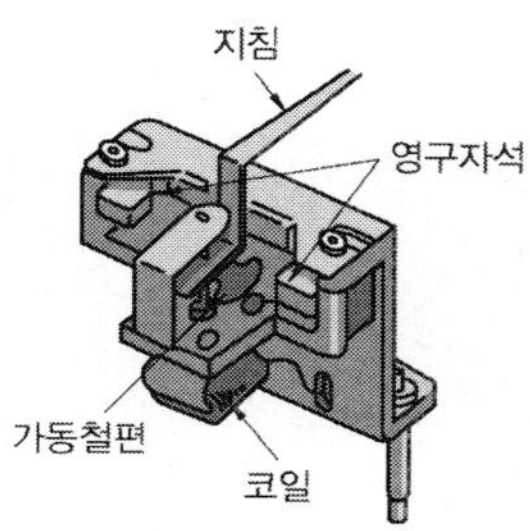

그림 4-12 전류계

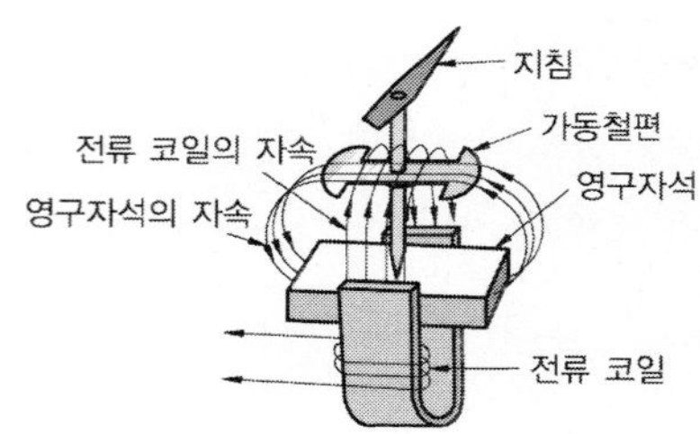

그림 4-13 전류계의 작동

6. 전압계(volt meter)

전압계는 회로의 전압을 나타내는 데 이용되는 미터로 그림 4-14와 같이 영구자석과 코일을 조합시킨 가동 자석형이 많이 사용되고 있다.

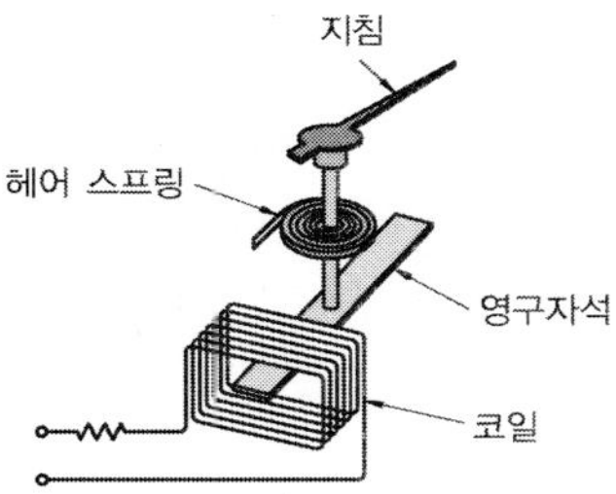

그림 4-14 전압계

7. 타코미터(tachometer)

타코미터는 기관의 회전속도를 나타내는 것으로 자석식, 발전기식, 펄스식으로 분류되는데 최근에 많이 사용되는 펄스식에 대하여 설명하면 그림 4-15와 같다. 펄스식의 경우에는 가솔린 기관과 디젤기관의 회전속도를 검출하는 방법이 서로 다르다.

1) 가솔린 기관용 타코미터

타코미터는 기관의 회전속도를 나타내는 가동 선륜형 미터와 점화 코일의 1차 회로에서 점화 신호를 검출하는 전자회로로 구성되어 있다.

펄스식은 그림에 나타낸 것과 같이 점화 코일의 ⊖ 단자에서 발생하는 전압을 전자회로에서 검출하여 전류로 변환시켜 외부로 출력한다. 이 전류가 가동 선륜형 미터에 공급되면 미터는 전류에 따르는 값을 미터에 나타내며, 전자 회로의 출력 전류는 기관의 회전속도와 비례하여 변환되기 때문에 미터가 흔들리는 상태로 기관의 회전속도를 나타내게 된다.

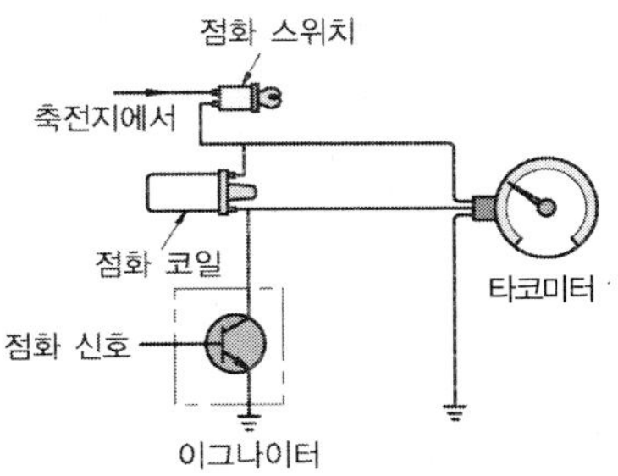

그림 4-15 타코미터의 접속

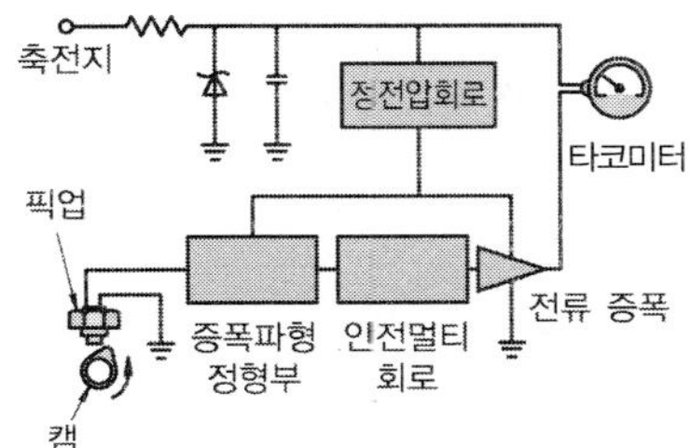

그림 4-16 독립형 연료 분사 펌프 검출 회로

2) 디젤 기관용 타코미터

① **독립형 연료 분사 펌프의 경우** : 독립형 분사 펌프의 경우 펌프 내부에는 플런저를 상하로 작동시키는 캠이 기관의 실린더수와 동일하게 설치되어 있으므로 이 중에서 1개의 캠 부근에 영구자석과 코일을 조합시킨 픽업(검출기)을 설치하면 캠이 픽업에 가까워지거나 멀어지므로 펄스(교류 전압)가 발생된다. 이때 펄스가 그림 4-16에 나타낸 전자 회로에 입력되므로 미터를 작동시키는 신호로 변환된다. 또한, 기관의 회전속도가 상승함에 따라서 시간당의 펄스의 수도 증가되기 때문에 미터의 이동량이 커지게 된다.

2_ 등화장치

1. 전조등(head light)

야간운행을 안전하게 하기 위한 조명등으로서 하이 빔(high beam)과 로우 빔(low beam)이 병렬로 연결되어 있다. 전조등은 렌즈, 반사경, 필라멘트로 구성되어 있다.

1) 전조등의 종류

① **실드 빔형**(sealed beam type) : 렌즈, 반사경, 필라멘트를 일체로 만든 것으로써 수명이 길고 광도의 변화가 적으나, 가격이 비싸며 전조등의 3요소 중 1개만 이상이 있어도 전체를 교환해야 하는 단점이 있다.

② **세미 실드 빔형**(semi-sealed beam type) : 렌즈와 반사경은 일체형이며 전구가 따로 분리되는 구조로써 전구 불량시 전구만 교환할 수 있는 장점이 있지만, 공기와 습기, 먼지 등이 들어갈 수 있으므로 반사경과 렌즈가 더러워져 광도의 변화를 가져올 수 있다.

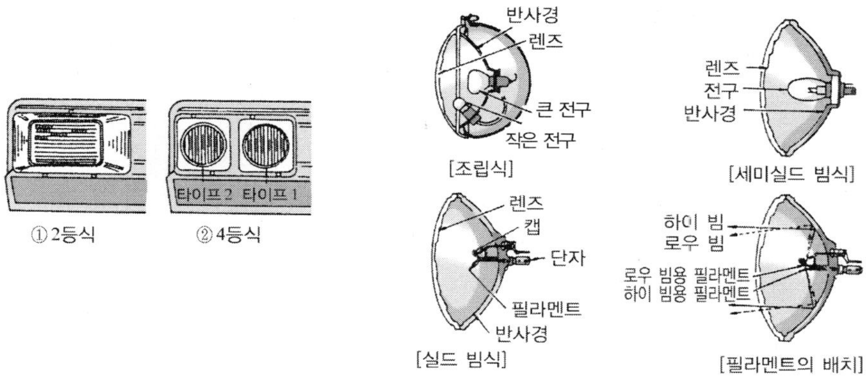

그림 4-17 전조등의 종류

2) 전조등의 구성품

① **전구**(bulb) : 전구는 그림 4-18같은 구조로 되어 있으며, 광원인 필라멘트의 재료는 일반적으로 텅스텐이 사용되며, 이것을 일정한 굵기와 피치(pitch)로 코일 모양으로 감아 전류가 흐르게 한 도입선에 용접하여 부착되어 있다. 필라멘트 코일이 2개일 때는 같은 방법으로 일정한 위치에 정확하게 부착해야 한다.

텅스텐 필라멘트가 효율적으로 빛을 내게 하기 위해 유리 구(球) 안에 불활성 가스(inert gas)를 봉입했다.

이 불활성 가스는 질소, 아르곤(argon), 크립톤(krypton) 등의 혼합가스를 사용한다. 실드 빔도 일종의 큰 전구라 할 수 있으며, 이 전구에 전류가 흐르면 필라멘트가 적열되어 발광현상이 일어난다.

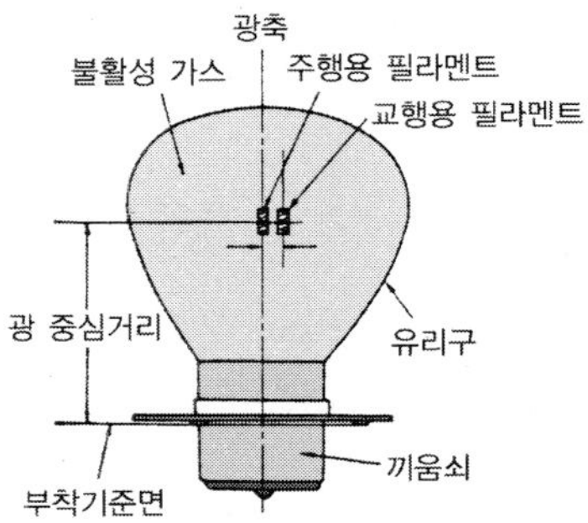

그림 4-18 전조등용 전구

그림 4-19 할로겐 전구

최근에는 효율이 높은 할로겐 전구가 개발되어 사용하고 있으며, 그 원리와 특징을 간단히 설명한다.

할로겐 전구와 구조는 그림 4-19와 같다. 보통의 전구는 불을 켰을 때 텅스텐이 증발하여 유리의 안면에 흑화 현상이 발생하는데, 이것을 방지하기 위해 전구 안에 할로겐 화합물을 불활성 가스와 함께 높은 압력으로 봉입한 것이다.

할로겐 전구에 불이 켜지면 텅스텐이 증발하나, 보통의 전구와 다른 점은 증발한 텅스텐이 유리구 안에서 이동하여 유리벽 부근의 할로겐 원소와 결합하여 할로겐화텅스텐 원소가 된다.

이 화합물은 고온에서는 텅스텐과 할로겐 원소로 해리(解離)하는 성질이 있기 때문에 온도가 높은 필라멘트 근처로 이동했을 때는 해리되어 텅스텐은 다시 필라멘트에 부착하고 할로겐 원소는 유리벽을 향해 확산한다. 이와 같은 결합과 해리의 반복을 재생순환반응(halogen cycle)이라 하며, 이것이 할로겐 전구의 특징이고 용량은 60[W] 55[W]이다.

② **반사경**(reflector) : 반사경의 재료는 금속이나 유리를 사용하며 전구에서 나오는 광에너지를 될 수 있는 대로 많이 모아서 필요한 방향으로 강하게 투사하는 것이 목적이므로 일반적으로 깊게 된 것을 사용한다. 그리고 반사경에 의한 빛의 손실이 적어야 하므로 반사면이 매끈하고 반사율이 높은 재료를 표면에 도금하며, 일반적으로 순도가 높은 알루미늄을 진공 증착법(蒸着法)으로 부착시킨다. 반사율은 알루미늄이 90[%]이고, 은이 92[%]로 높으나 내구성이 약하고, 크롬은 내구성은 좋으나 반사율이 65[%]로 낮다.

③ **렌즈**(lenz) : 렌즈는 투과율이 좋은 투명한 유리를 성형하여 만들었으며, 구조는 그림과 같다. 렌즈 소자에는 좌우방향으로 빛을 확산하는 것과 상하방향으로 굴절시키는 것이 있으며, 그 정도는 소자의 곡률 반지름의 크기에 따라 결정된다.

3) HID(High Intensity Discharge) 램프

제논(Xenon) 가스가 유입된 고휘도 방전램프로서 금속염제와 불활성 기체가 채워진 관에 들어있는 두 개의 전극 사이에 고압의 전원(20,000[V])을 인가하여 방전을 일으켜 필라멘트 없이 빛을 발생한다.

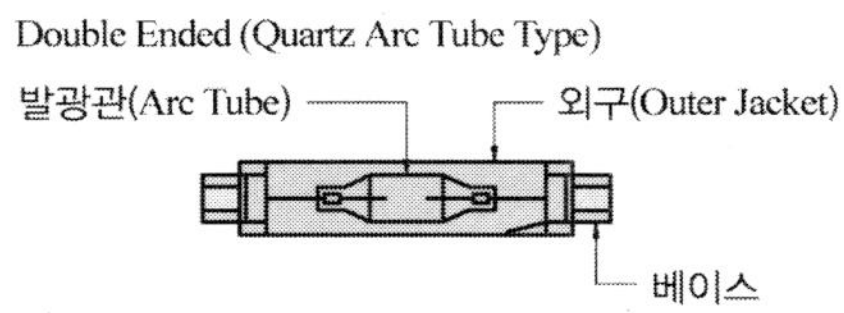

그림 4-20 HID 램프의 구조

2. 방향지시등

방향지시등은 차량의 안전운행에 중요한 신호등으로, 방향지시등의 점멸 횟수는 1분에 60~120회의 일정한 속도로 점멸하여야 한다. 방향지시등은 플래셔 유닛의 작동 원리에 따라 콘덴서식, 전자열선식, 수은식, 바이메탈식, 트랜지스터식(전자식)이 있으며 현재는 트랜지스터식을 사용한다.

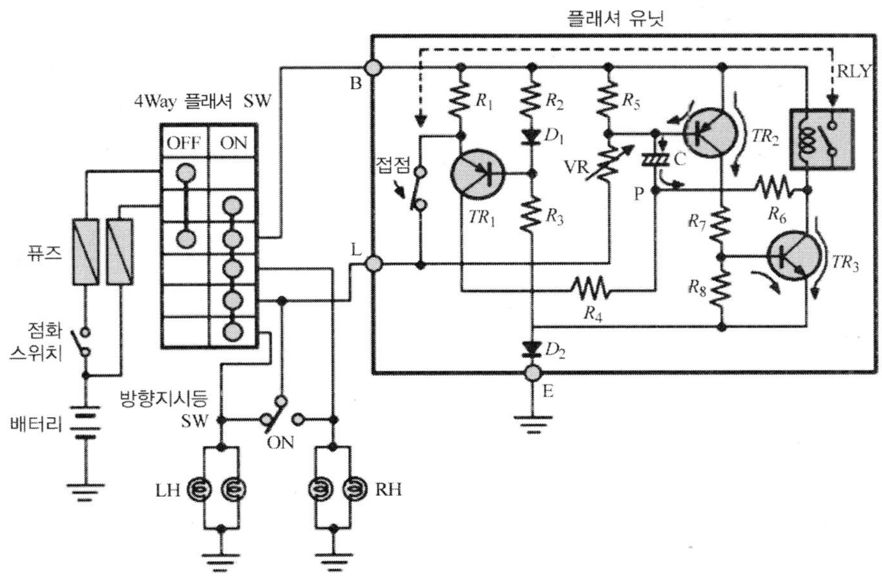

그림 4-21 전자식 방향지시등 회로

3. 미등

후미등과 같은 의미로, 미등회로는 차폭등, 번호판 등, 계기판 조명등까지 병렬로 연결되어 있다.

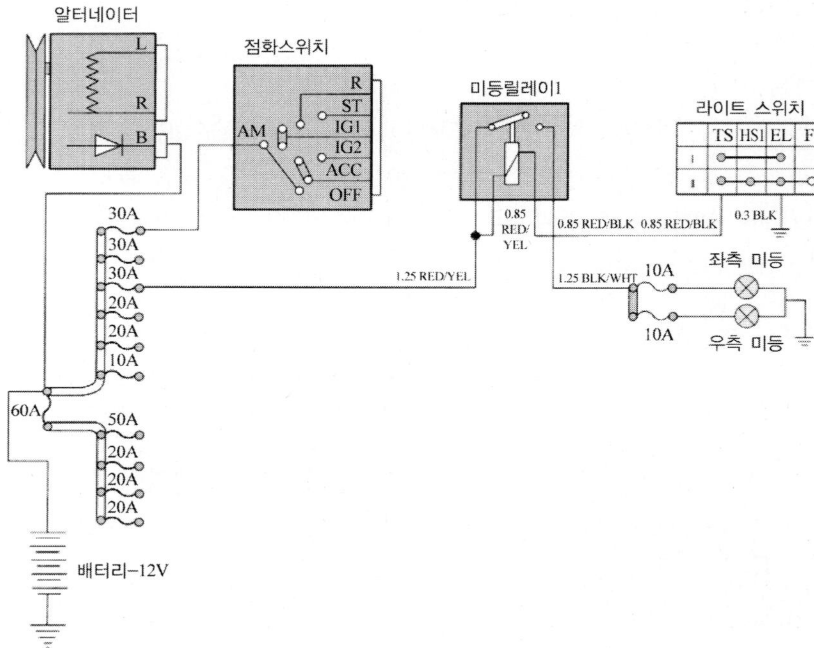

그림 4-22 미등 회로

4. 제동등

제동등은 브레이크 스위치와 스톱램프로 구성되며, 후미등과 겸용으로 사용된다. 제동등의 밝기는 안전을 위하여 미등의 3배 이상이어야 하며 운행 안전상 브레이크 등이 중요하므로 전구 단선 시 알려주는 기능도 있다.

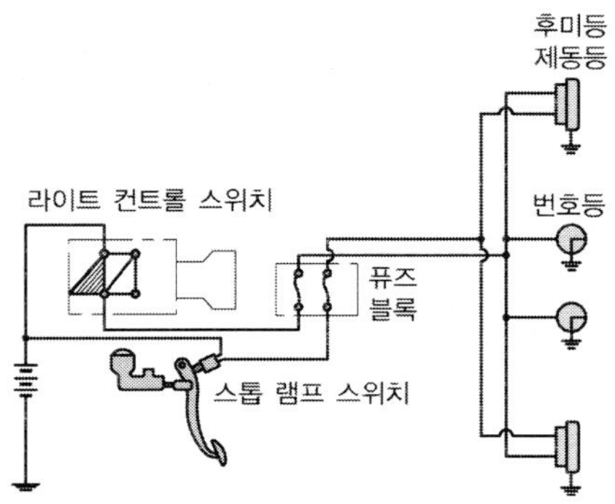

그림 4-23 제동등 회로

3_ 회로도 분석

1. 배선

1) 용어 설명

① **커넥터**(커플러, connector or coupler) : 배선을 서로 연결하기 위한 장치

② **와이어링**(wiring) : 단일 기능을 가진 배선

③ **하니스**(harness) : 복합 기능(여러 묶음)이 있는 배선

④ **와이어 하니스**(wire harness) : 2개 또는 그 이상의 전선이 뭉쳐 있는 것

2) 배선 방식

① **단선식** : 배터리 (+) 전원 한 선만을 이용하고, (-) 전원은 차체나 프레임에 접지를 이용한 배선방식이다. 큰 전류가 흐르면 전압강하가 크게 되므로 주로 적은 전류가 흐르는 곳에 사용한다.

② **복선식** : 배터리 (+), (-) 전원 두 선을 이용한 배선방식으로, 전조등과 같은 전류의 소모가 많은 곳에 사용한다. 접지 측에도 전선을 사용함으로써 접촉불량을 일으키지 않도록 하기 위함이다.

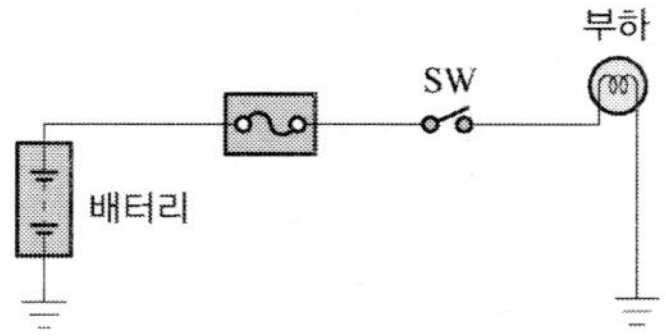

그림 4-24 단선식

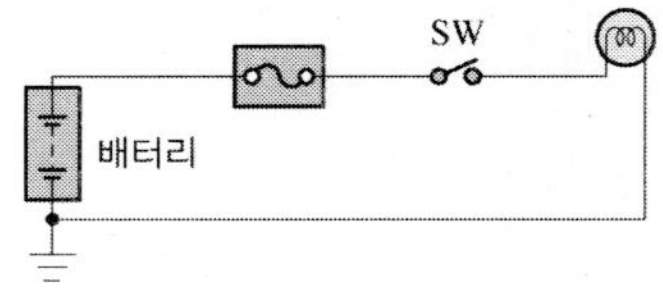

그림 4-25 복선식

3) 커넥터 단자번호

암커넥터(하니스측)	수커넥터(부품측)	비 고
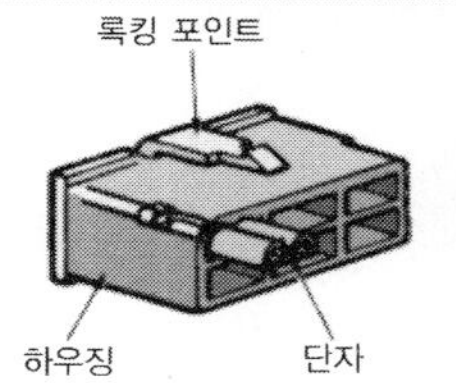	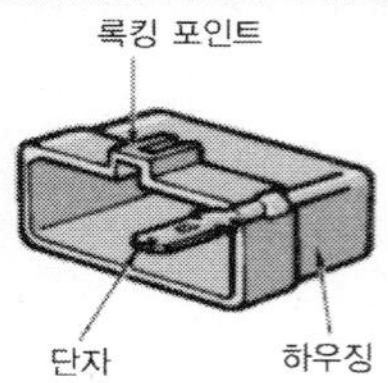	• 암수 커넥터 구별은 하우징 형상이 아닌 단자 형상에 따름 • 암커넥터는 회로의 전원 공급 쪽에, 수 커넥터는 부하 쪽에 위치한다. 수커넥터가 빠질 경우 단락(합선)을 방지하기 위해
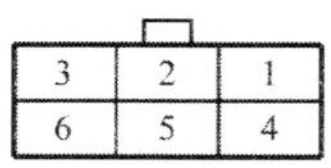	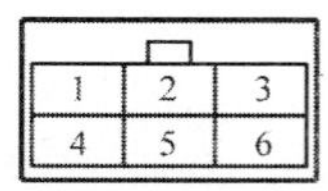	
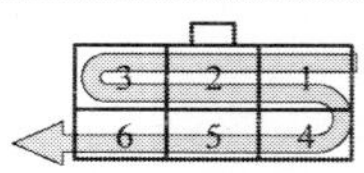	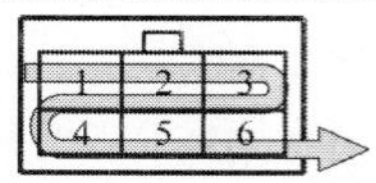	• 암커넥터는 오른쪽에서 왼쪽으로 번호를 부여(여성의 S라인을 의미)

4) 배선 색상 표시법

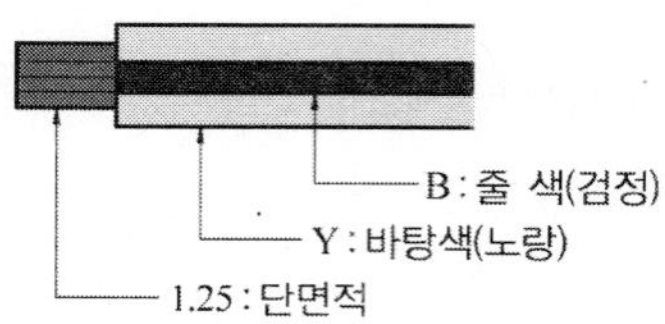

배선의 색은 1.25 Y/B와 같은 방법으로 표시한다. 이는 노란색 바탕에 검정색 줄무늬가 있다는 의미이다. 즉, Y는 바탕색을, B는 줄무늬색을 의미한다. 숫자 1.25는 전선의 단면적(1.25[mm^2])을 나타낸다.

5) 배선 색상 약어

① 현대자동차

약 어	배선 색상	약 어	배선 색상
B	검정색(Black)	O	오렌지색(Orange)
Br	갈색(Brown)	P	분홍색(Pink)
G	초록색(Green)	R	빨간색(Red)
Gr	회색(Gray)	W	흰색(White)
L	파랑색(bLue)	Y	노란색(Yellow)
Lg	연두색(Light Green)	Pp	자주색(Purple)
T	황갈색(Tawny)	Ll	하늘색(Light Blue)

② 대우자동차

약 어	색 상	약 어	색 상
흑	흑색(검정)	연청	연청(하늘)색
갈	갈색	청	청색(파랑)
적	적색(빨강)	보	보라색
오	오렌지색(주황)	회	회색
황	노랑(황색)	백	백색(흰색)
녹	녹색	분	분홍(핑크)색
연녹	연녹색		

2. 회로도 분석 방법

아래 그림은 스위치를 작동시키면 릴레이 코일에 전류가 흘러 릴레이 접점이 붙어 모터(부하)가 작동하는 회로도 분석의 기본 모형이다. 이때 고장이 예상되는 부분을 나열해 보면 아래와 같이 무수히 많다.

① 배터리 어스부위 접촉 불량

② 배터리 자체 불량

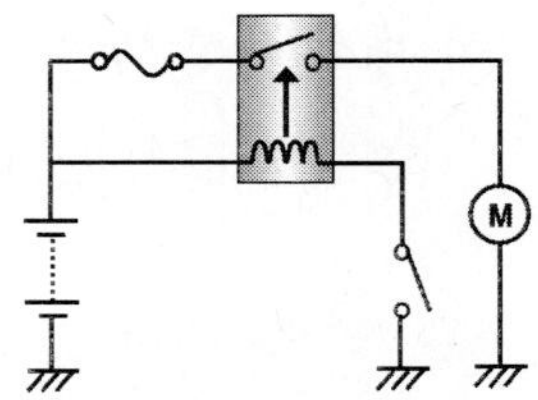

③ 각 회로 사이의 배선 불량

④ 휴즈 불량

⑤ 스위치 불량

⑥ 릴레이 불량

⑦ 모터 불량

⑧ 회로상의 배선 단선, 단락, 접촉 불량 등등

회로 점검 시 주로 테스트 램프를 사용하나, ECM과 같은 반도체가 포함된 모듈에는 10[MΩ]이나 그 이상의 임피던스를 갖는 디지털 볼트미터로 테스트하여야 한다. 테스트 램프 사용 시 내부 회로가 손상될 수 있으므로 테스트 램프를 절대 사용하지 말아야 한다.

위 그림에서 보면 모든 입, 출력이 릴레이에 몰리므로 릴레이 입구를 점검하면 장소를 옮기지 않아도 되고 4번만 점검하면 끝난다. 만약 모든 입, 출력이 정상임에도 불구하고 작동이 안 된다면 원인은 릴레이 자체 문제밖에 없다.

1) 점검 방법

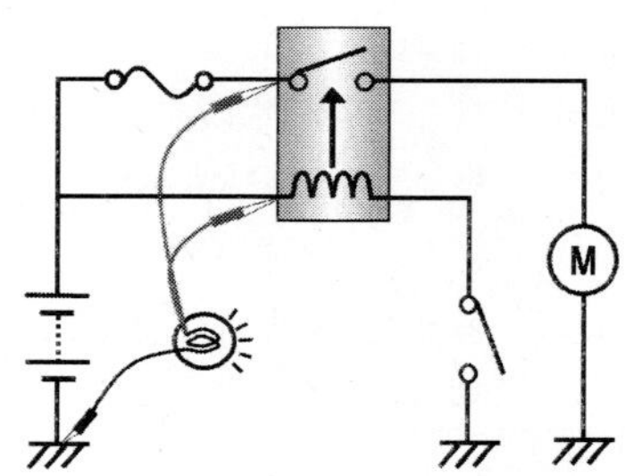

① **전원회로 통합 점검** : 테스트 램프를 전원 단자에 대었을 때 켜지는지를 확인한다. 밝게 점등되면 정상이고 점등이 안 되었다면 해당 부품 및 배선을 점검한다. 이때, 테스트 램프의 전구 용량은 최대한 밝은 것을 사용한다(12[V]-23[W] 이상). 어두운 전구를 사용하면 회로의 접촉불량이나 단락 시 흐르는 전류량에 관계없이 밝게 점등되어 판단할 수 없게 된다.

② **다음단계로 어스상태 및 출력라인을 점검** : 테스트 램프의 " + "를 배터리 본선(+)에 대고 테스트 램프 " - "를 각각의 어스선에 찍어서 점검한다. 이때, 작동부(모터, 램프 등)의 어스라인 점검 시 램프가 밝게 점등되었다면 작동부의 어스상태도 정상이다.

스위치를 작동시켰을 때 램프가 정상적으로 들어왔다면 스위치 라인 어스도 정상이다.

③ **최종으로 본선과 직선 연결** : 앞의 점검결과 이상이 없다면 30번 단자와 87번(릴레이 부하접점) 단자를 직선 연결하여 모터(램프)가 회전(점등)하는지 확인한다. 입, 출력 배선을 모두 점검한 결과, 작동이 불량하면 결국, 고장원인은 "릴레이"에 있는 것이 된다.

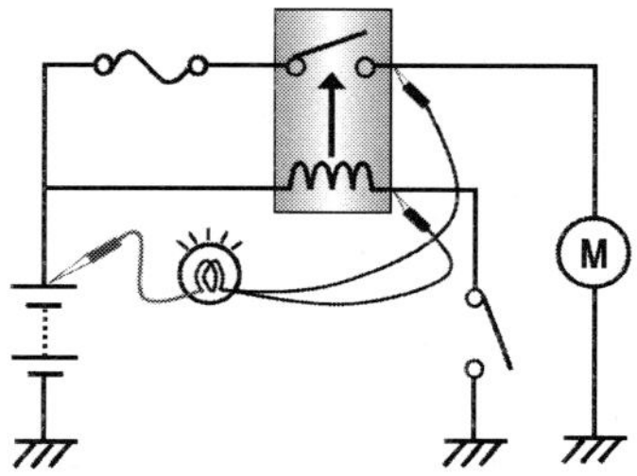

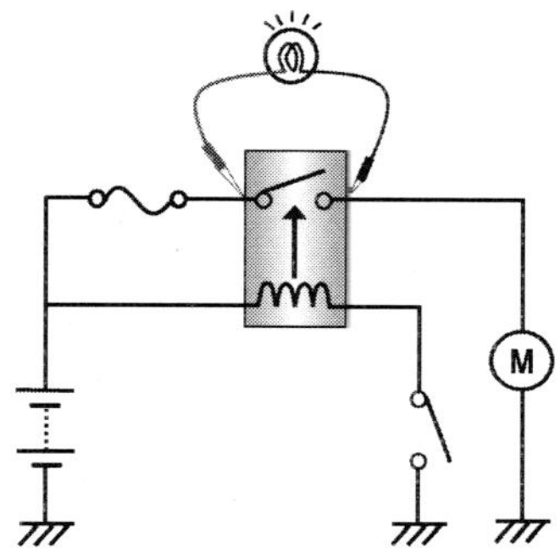

3. 회로도 분석 예(GM 대우)

1) 경음기 회로

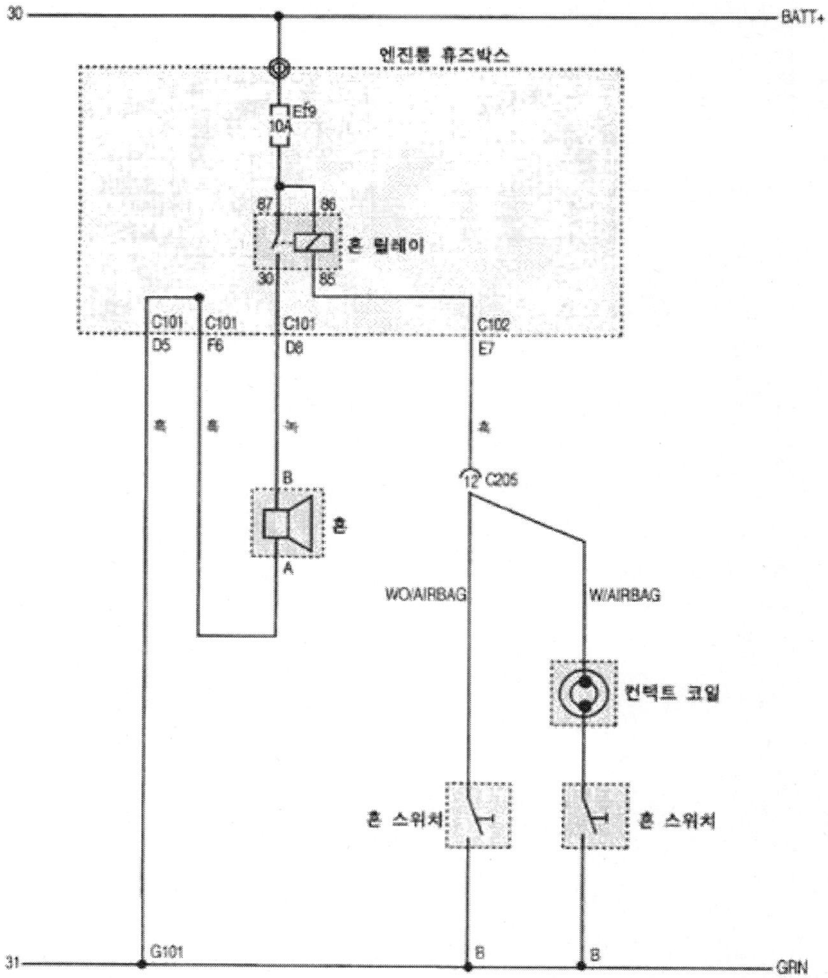

경음기(혼) 스위치를 누르면 혼 릴레이가 붙고, BAT.(+) 전기 혼을 거쳐 어스되므로 경음기(혼)가 작동한다.

2) 미등 회로

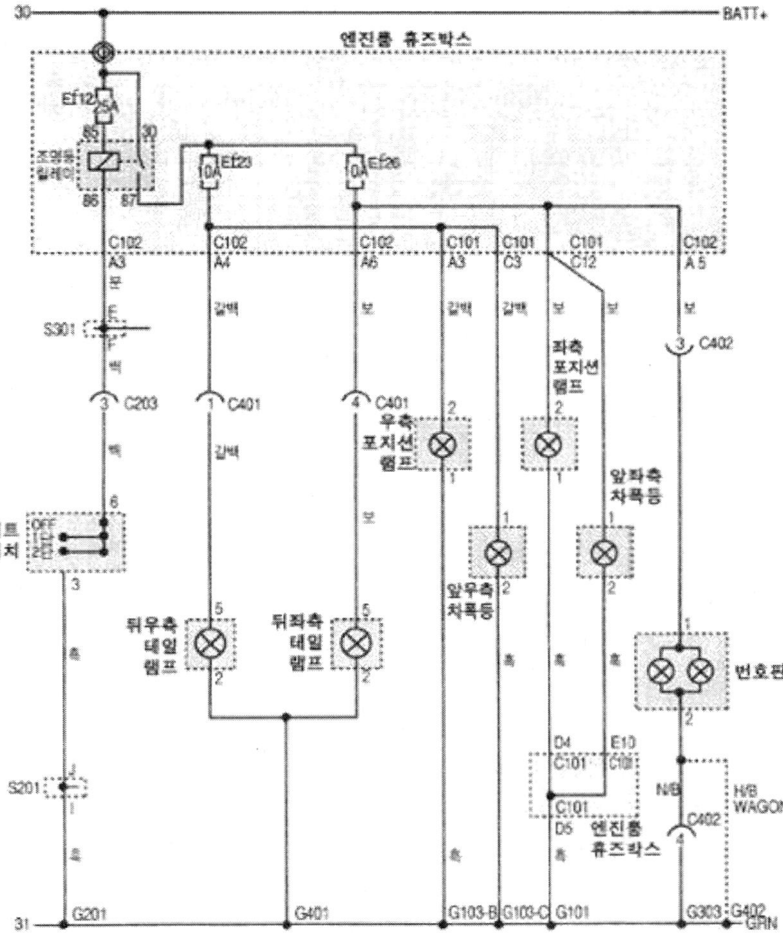

라이트 스위치 1단(미등)을 돌리면, 조명등 릴레이가 붙어 뒤 좌, 우측 테일램프, 앞 좌, 우측 차폭등, 좌, 우측 포지션램프, 번호판등 등 모든 미등이 점등된다.

모든 미등이 안 들어오면 릴레이 또는 스위치 불량이며, 각각의 등이 안 들어오면 각각의 회로에서 고장이다.

3) 제동등 회로

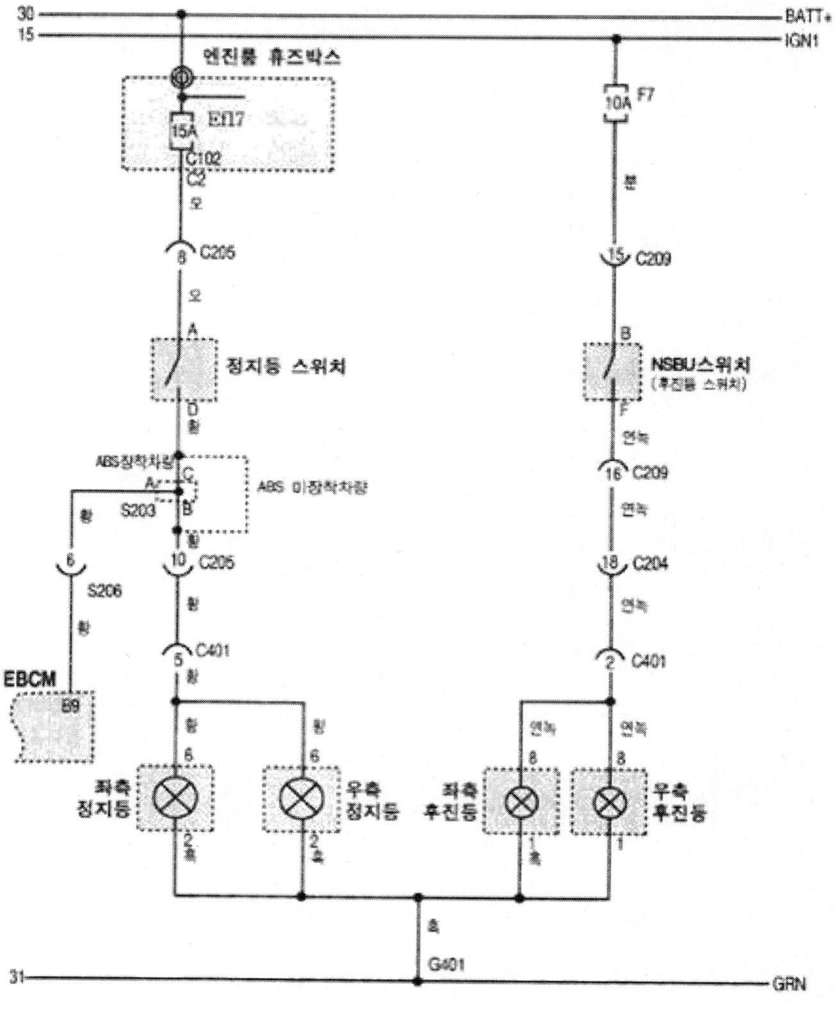

브레이크를 밟으면 정지등 스위치가 붙어 좌, 우측 정지등에 전원이 공급되므로 브레이크 등이 켜진다. 후진등도 마찬가지이다.

4) 냉각팬 회로

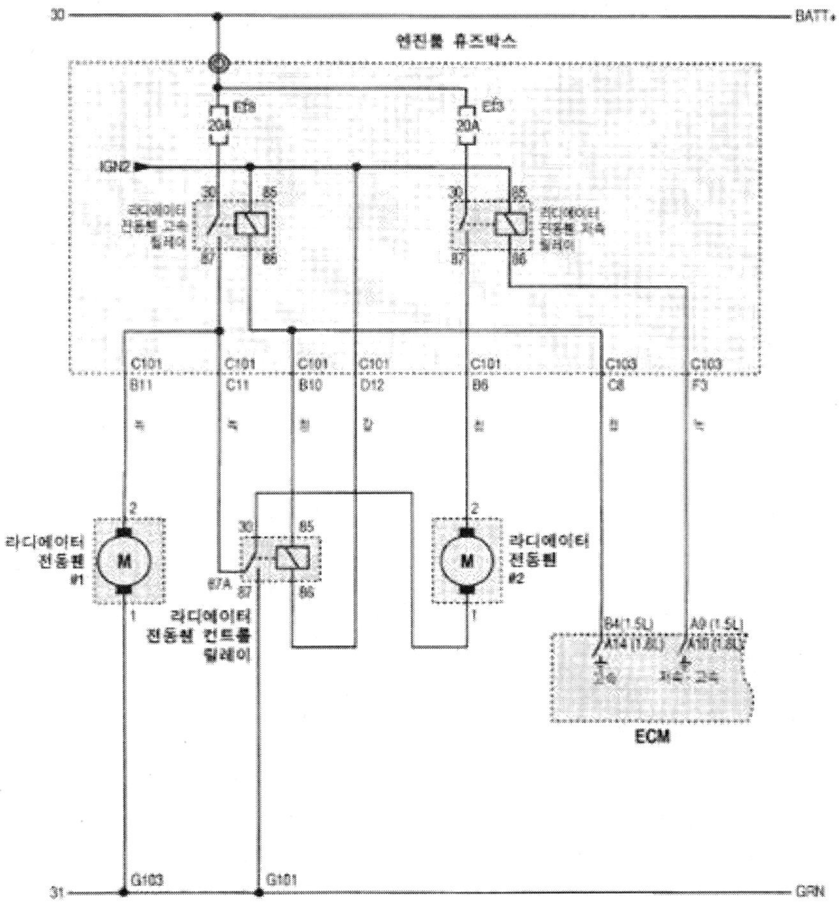

① **전동팬 저속 시**: ECM에서 전동팬 저속 릴레이를 붙여, 라디에이터 전동팬 #1, #2가 직렬로 연결되어 각각에 6V씩으로 전압강하되어 저속으로 회전한다.

② **전동팬 고속 시**: ECM에서 전동팬 고속을 어스시키면, 전동팬 고속 릴레이가 붙으므로 IGN2 전기 12V 전동팬 #1에 흐르고, 전동팬 컨트롤 릴레이 쪽으로도 흘러 87A → 87로 붙고, 전동팬 저속·고속 또한 어스시키므로 전동팬 저속

릴레이를 통해 라디에이터 전동팬 #2에도 12V가 흐른다. 따라서 전동팬 #1, #2 모두 병렬로 연결되어 12V가 걸리므로 둘 다 고속으로 회전한다.

5) 전조등 회로

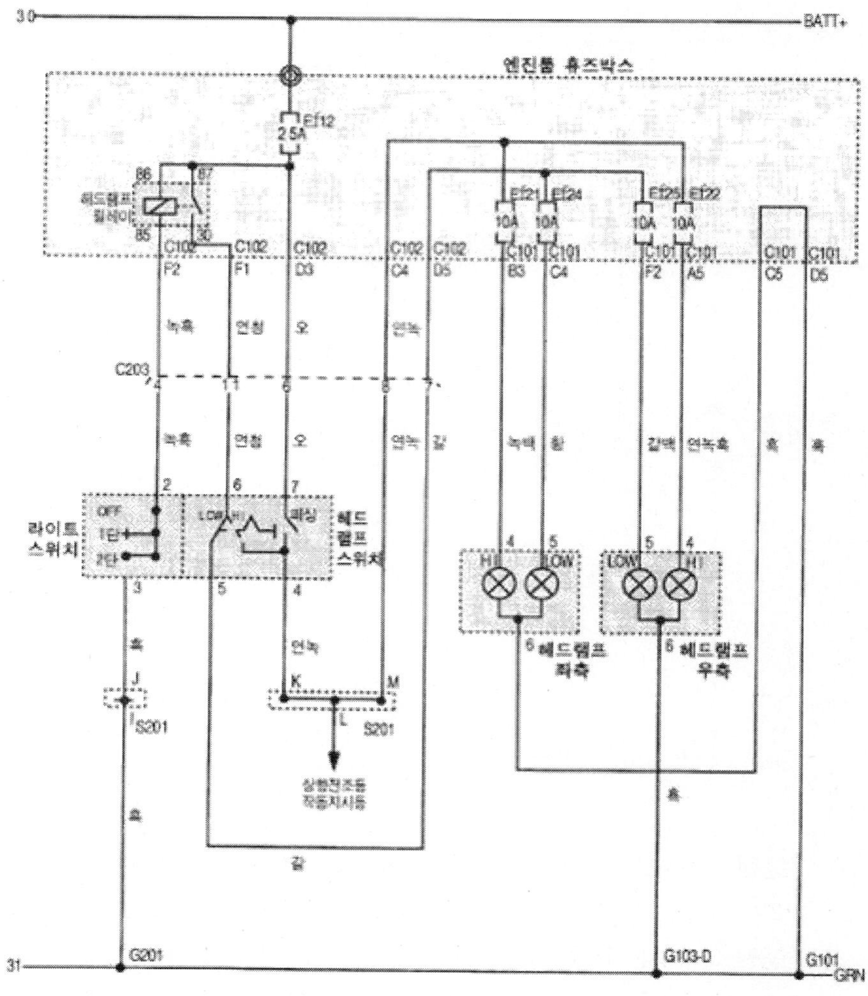

① **전조등 Low ON 시**: 라이트 스위치를 1단(Low ON)으로 하면, 헤드램프 릴레이가 붙어 본선 BAT.(+) 전기 릴레이 87, 30 단자 거쳐 헤드램프 좌, 우측에 전기를 공급하여 하향등이 켜진다.

② **전조등 Hi ON 시**: 라이트 스위치를 2단(Hi ON)으로 하면, 그 움직임에 따라 라이트 스위치의 어스가 Low 에서 Hi로 바뀜에 따라 전기는 Hi Line을 따라 좌, 우측 헤드램프로 흘러 상향등이 켜지며 실내 상향등 작동 지시등도 같이 켜지게 된다.

③ **Passing ON 시**: Passing을 작동시키면 상향등 쪽으로 전기가 흘러 상향등이 작동되고, Low Beam ON시 Passing을 작동시키면 라이트 하향등과 Passing에 의한 상향에 의해 하향등과 상향등 쪽으로 전기가 흘러 하향등과 상향등이 모두 ON된다. Passing 작동은 라이트 스위치와 관련이 없으므로 라이트 스위치를 켰을 때 전조등이 안 들어오고 Passing을 작동시켰을 때 들어오면 라이트 스위치 불량으로 판단할 수 있다.

6) 방향지시등 회로

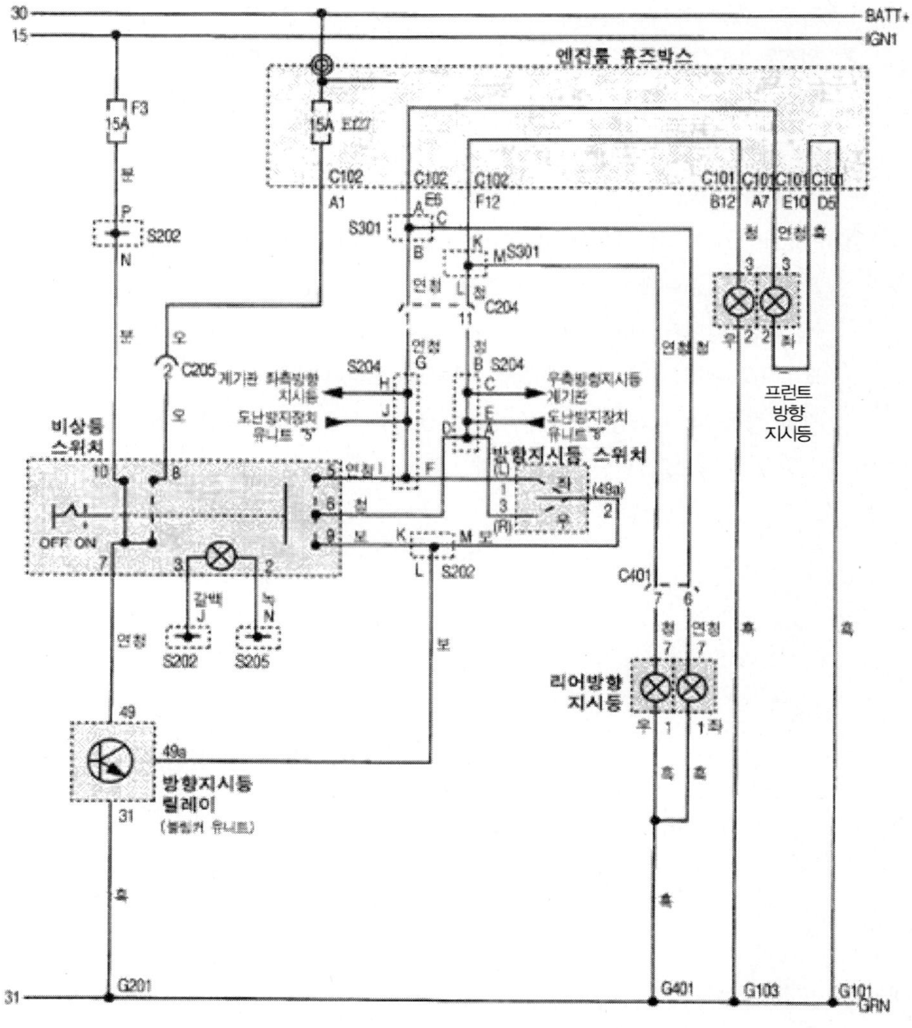

① **방향지시등을 좌측(우측)으로 ON 시**: 방향 지시등 스위치에 의해 좌, 우 스위치가 절환되면 좌측(우측) 프런트, 리어 방향지시등이 켜진다.

② **비상등 스위치 ON 시**: 비상등 스위치에 의해 5, 6, 9번 단자가 모두 붙게 되

어 좌측과 우측의 프런트, 리어 방향지시등이 모두 켜진다. 비상등 스위치는 방향지시등 스위치 작동과 관련이 없으므로 방향지시등이 작동 안 할 때 비상등을 켜서 작동하면 방향지시등 스위치 불량으로 판단할 수 있다.

7) 와이퍼 회로

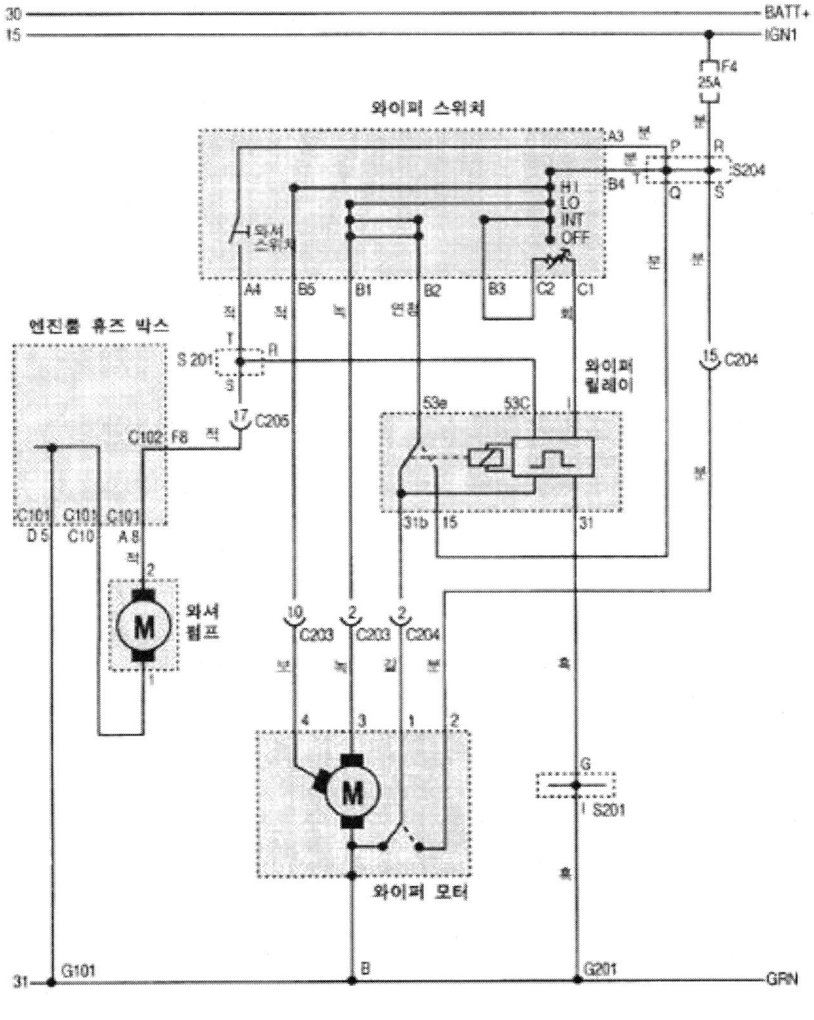

① **와이퍼 저속 시**: 와이퍼 스위치를 저속(Lo) 위치에 놓으면 IGN1 전원이 와이퍼 모터 3번에서 어스(180°)로 흘러 와이퍼는 저속으로 회전한다.

② **와이퍼 고속 시**: 와이퍼 스위치를 고속(Hi) 위치에 놓으면 IGN1 전원이 와이퍼 모터 4번에서 어스(120°)로 흘러 와이퍼는 고속으로 회전한다. 와이퍼 저속, 고속의 작동은 ETACS와 관계 없이 와이퍼 스위치에 의해서만 작동한다.

③ **와이퍼 INT ON 시**: 스위치 B1과 B2는 항상 연결되어 있으며, 와이퍼 모터를 작동시키다 OFF하면 와이퍼 모터가 정위치에서 정지하도록 한다. 모터가 회전하기 시작하면 모터 내부 캠 플레이트에 의해 모터 1, 2번 단자가 붙어 전원은 릴레이 내부 타이머로만 흐르게 된다.

④ **와셔 스위치 ON 시**: 와셔 스위치 작동과 동시에 와이퍼 릴레이가 작동하여 와이퍼 모터가 저속으로 작동하고 와셔에 의해 뿌려진 물을 닦아낸다.

안전 및 편의장치는 자동차의 안전 운행을 위하여 필요한 장치로 경음기, 윈드 실드 와이퍼, 레인센서 시스템, 타이어 공기압 경고 시스템(TPMS) 등이 있다.

1_ 안전장치

1. 경음기(horn)

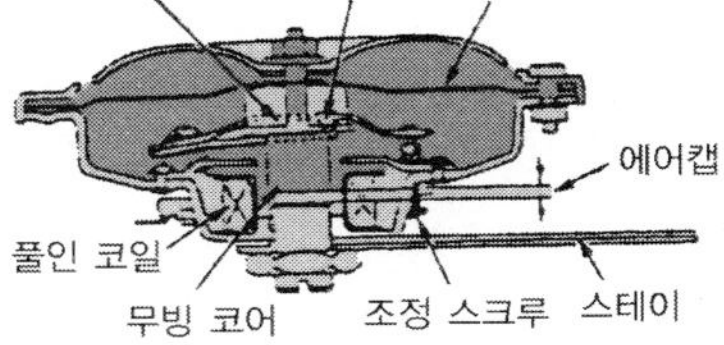

그림 4-26 전기식 경음기

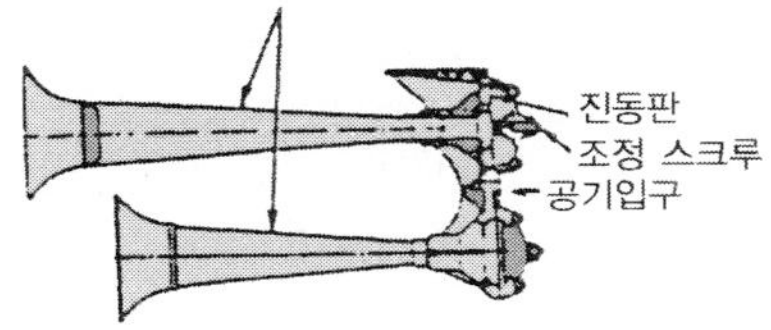

그림 4-27 공기식 경음기

경음기는 진동판을 진동시킬 때 공기의 진동에 의해서 음을 발생시킨다. 경음기는 진동판을 진동시키는 방법에 따라서 그림 4-26과 그림 4-27과 같이 전자석을 이용하는 방법의 전기식 경음기와 압축공기를 이용하는 방법의 공기식 경음기로 분류된다. 일반적으로 공기식 경음기는 대형차에 이용되고 전기식 경음기는 대형차 이외의 차량에 이용된다.

2. 윈드실드 와이퍼(windshield wiper)

윈드실드 와이퍼는 비나 눈에 의한 악천후에서 운전자의 시계를 확보하기 위하여 앞 유리를 닦는 역할을 하는 것으로 그림 4-30과 같이 와이퍼 전동기, 링크 로드와 피벗용 링크 기구, 와이퍼 암 및 와이퍼 블레이드로 구성되어 있다.

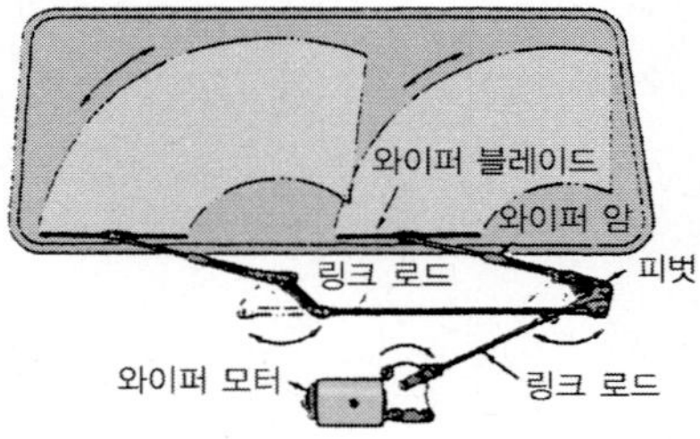

그림 4-28 윈드실드 와이퍼의 구성

1) 와이퍼 전동기(wiper motor)

와이퍼 전동기는 전동기의 회전을 감속하는 기어 및 와이퍼 스위치를 OFF하면 항상 정위치로 정지하기 위한 자동 정위치 정지 장치로 구성되어 있다.

① **페라이트 자석식 전동기**(ferrite magnet type motor) : 페라이트 자석식 전동기는 자속을 형성하는 계자 철심을 영구 자석으로 이용하고 전기자는 일시적인 전자석이 되도록 코일을 감아 작동되는 전동기로 자속은 항상 일정하기 때문에 브러시를 3개 설치하여 전기자의 유효 직렬 코일의 권수를 변화시켜 전기자 코일에 흐르는 전류를 변화시킴으로써 저속 및 고속으로 회전속도가 변화된다.

② **복권식 전동기**(compound motor) : 복권식 와이퍼 전동기는 자속을 형성하는 직렬 계자 코일과 병렬 계자 코일이 설치되어 있으며, 회전력이 크고 회전속도가 거의 일정한 전동기로 작동 원리는 다음과 같다.

㉠ 저속 회전 시 : 와이퍼 스위치를 저속으로 위치시키면 축전지의 전류는 직렬 코일의 L_1에서는 전기자 코일을 경유하여 접지로 흐르고 병렬 코일의 L_2에서는 전기자 코일을 경유하지 않고 직접 접지로 흐르기 때문에 복권 전동기로 작동된다. 따라서 전동기는 회전력이 크고 회전속도가 거의 일정한 저속으로 회전하게 된다.

㉡ 고속 회전 시 : 와이퍼 스위치를 고속으로 위치시키면 축전지의 전류는 직렬 코일 L_1에서 전기자 코일을 경유하여 접지로 흐르기 때문에 직권 전동기로 작동된다. 따라서 전동기는 병렬 코일 L_2에서 형성되는 자속이 감소되므로 회전속도가 빨라져 고속으로 회전하게 된다.

㉢ 정지 시 : 전기자축에 설치되어 있는 회전하는 캠은 러빙 블록을 작동시켜 접점을 개폐시키기 때문에 러빙 블록이 캠에 설치되어 있는 홈과 일치되지 않으면 접점은 닫혀 있다.

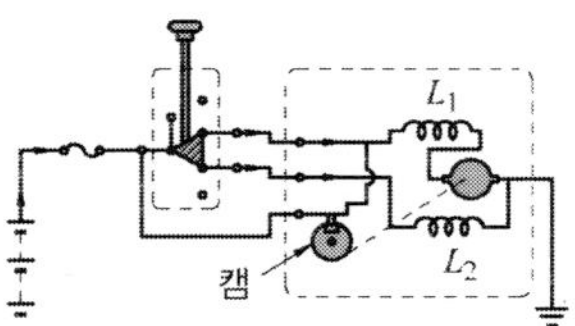

(a) 저속 회전식

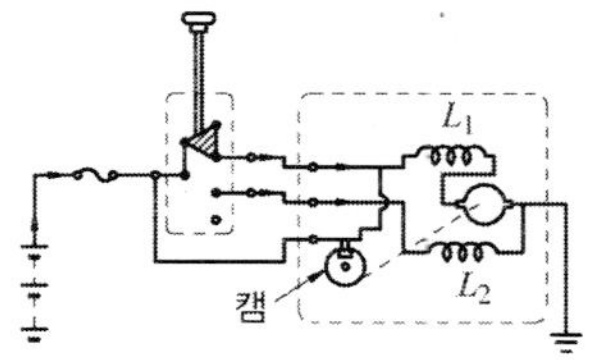

(b) 고속 회전식

그림 4-29 윈드실드 와이퍼의 구성

2) 링크 기구(link mechanism)

링크 기구는 그림 4-30과 같이 평행 운동을 하는 기구가 이용된다. 따라서 링크 기구에 의해 와이퍼 전동기의 회전운동이 왕복운동으로 변화되어 와이퍼 블레이드의 운동이 이루어진다.

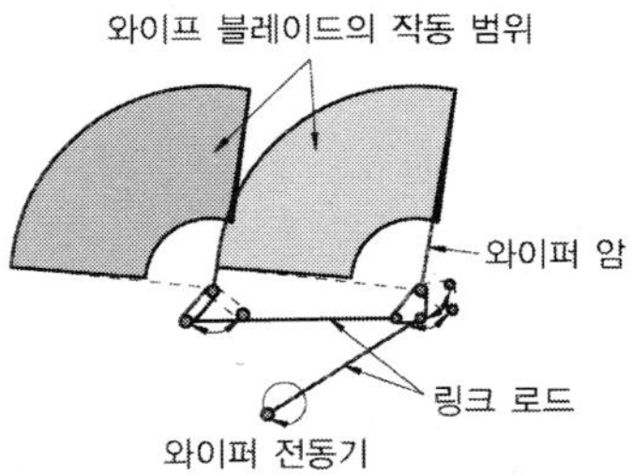

그림 4-30 평행 운동형 링크 기구

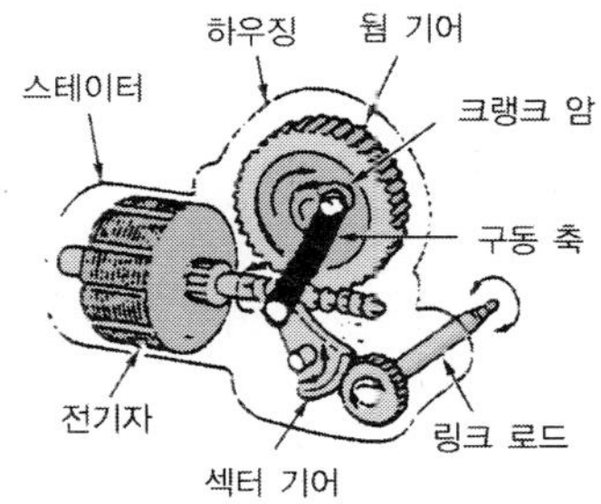

그림 4-31 링크 기구 내장형 와이퍼 전동기

3) 와이퍼 암 및 와이퍼 블레이드

① **와이퍼 암**(wiper arm) : 와이퍼 암은 와이퍼 블레이드를 지지하는 역할을 하며, 블레이드 암에 내장되어 있는 스프링의 장력에 의해서 와이퍼 블레이드가 윈드실드 글라스에 적당한 압력으로 접촉되도록 한다.

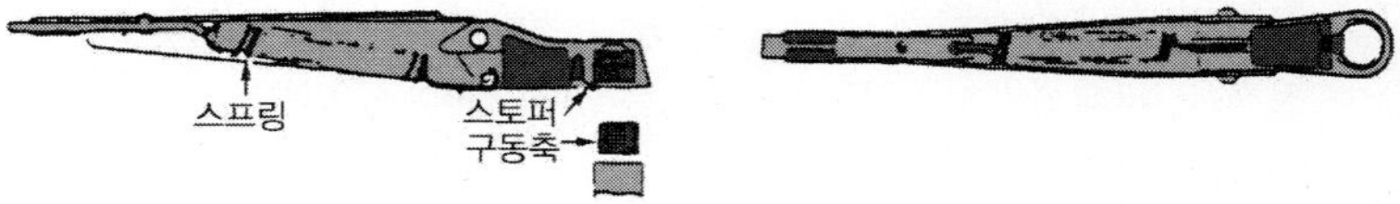

그림 4-32 세레이션식 와이퍼 암

② **와이퍼 블레이드**(wiper blade) : 와이퍼 블레이드는 그림 4-33과 같이 블레이드 고무를 자유롭게 변형되도록 몇 개의 금속에 의해서 지지되어 있기 때문에 글라스의 곡면을 따라서 밀착되어 있다. 또한, 와이퍼 블레이드 고무의 단면 형상은 <그림 4-34>와 같이 되어 있다.

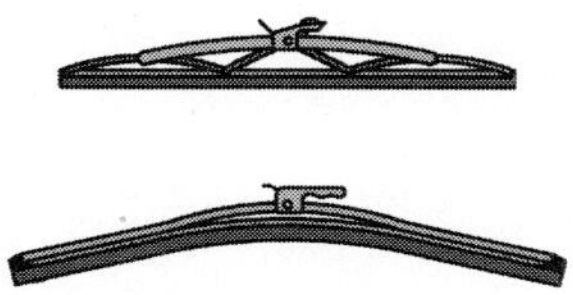

그림 4-33 와이퍼 블레이드의 종류

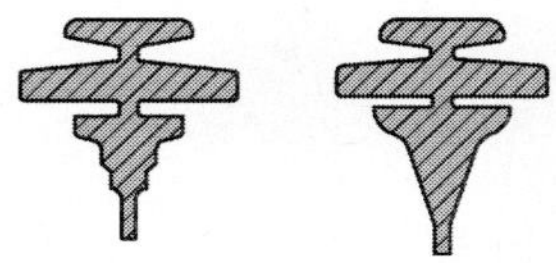

그림 4-34 와이퍼 블레이드 암의 현상

3) 윈드실드 와셔(windshield washer)

윈드실드 와셔는 세정액을 분사시키는 역할을 하며, 원심식 펌프가 전동기에 의해서 구동되면 노즐을 통하여 세정액을 분사시키는 전동식이 일반적으로 많이 사용된다.

와셔 펌프의 회로에서 윈드실드 와셔 스위치를 ON시키면 전동기는 고속으로 회전하기 때문에 펌프의 중앙으로 유입된 세정액은 원심력에 의해서 회전하여 출구를 통하여 노즐에 압송되어 분사된다.

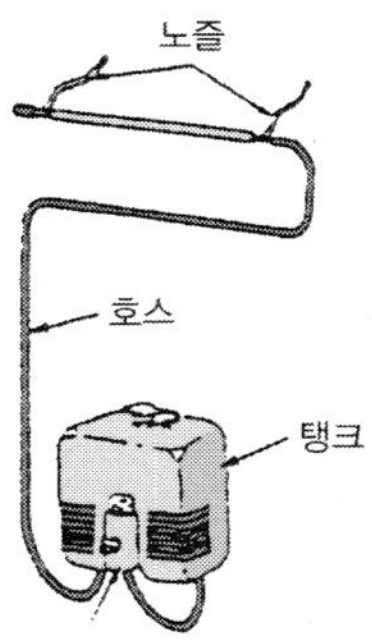

그림 4-35 전동식 윈드실드 와셔

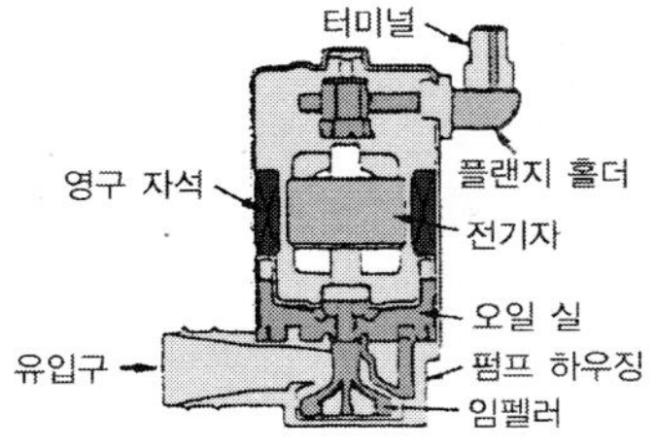

그림 4-36 와셔 펌프

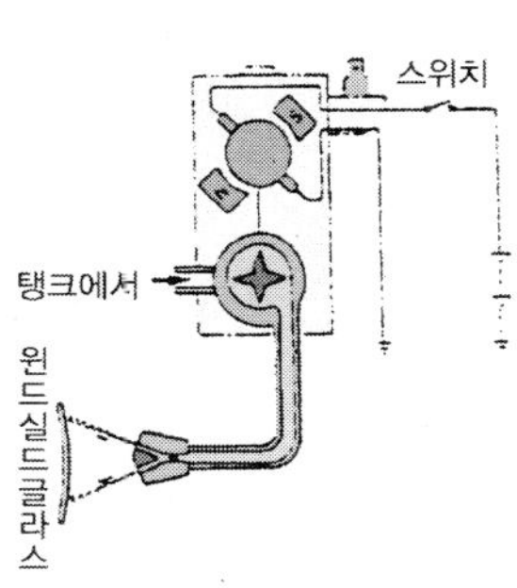

그림 4-37 와셔 펌프의 회로

2_ 편의장치

1. 파워 윈도우(power window)

원 터치(one touch)만으로 창문을 열고 닫을 수 있는 장치로, 간단히 모터의 극성을 바꿔서 작동한다. 아래와 같은 부품으로 구성된다.

① **파워 윈도우 모터** : 창문을 열고 닫는 동력원

② **파워 윈도우 레귤레이터** : 모터 회전 운동을 직선운동으로 바꾸는 기구

③ **파워 윈도우 유닛** : 창문을 여닫을 때 부하를 감지

④ **파워 윈도우 스위치** : 모터의 회전방향을 절환하는 스위치

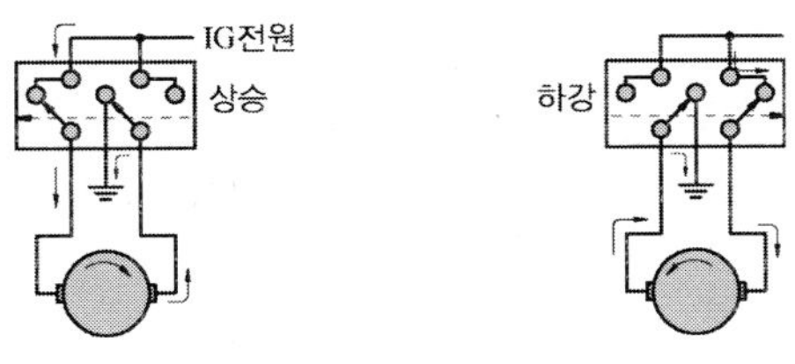

그림 4-38 파워 윈도우 회로

2. 레인센서(rain sensor, 우적감지) 시스템

기존 와이퍼 모터 제어는 강우량에 따라 운전자가 다기능 스위치를 조정하면 ETACS가 와이퍼를 제어하였다. 레인센서 시스템은 와이퍼 모터 제어를 ETACS 대신, 앞 창유리 상단에 설치된 레인센서 & 유닛에서 강우량을 감지하여 운전자가 스위치를 조작하지 않고도 와이퍼 작동시간 및 Low/High 속도를 자동으로 제어하는 시스템이다.

1) 레인센서의 구성도 및 내부 구조

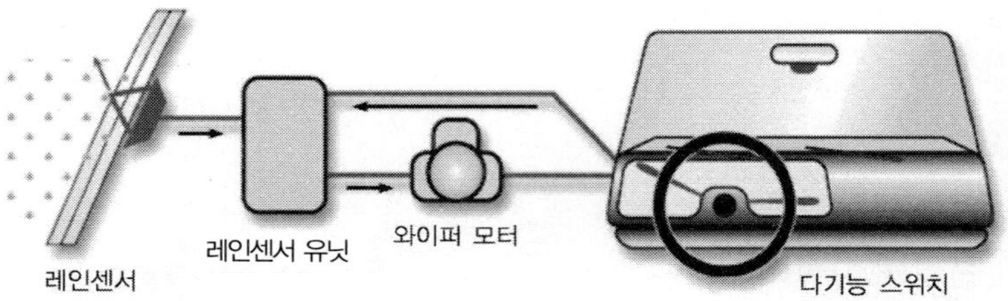

그림 4-39 레인센서 구성도

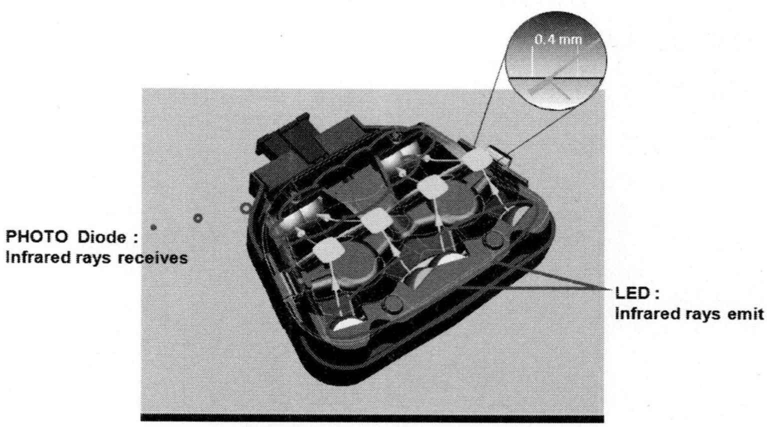

그림 4-40 레인센서 내부 구조

2) 레인센서 작동 원리

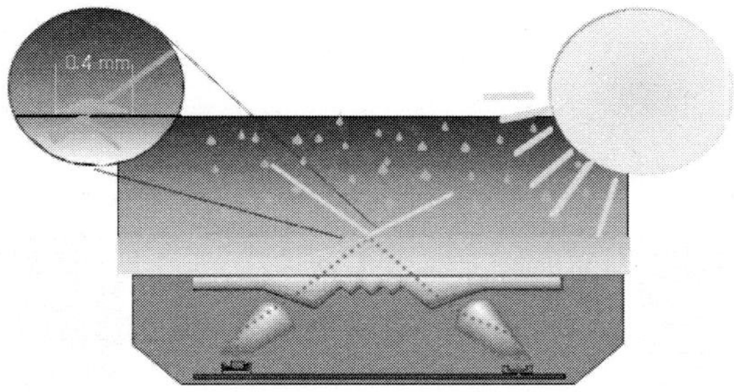

① 레인센서는 LED와 포토센서에 의해 비의 양을 감지한다.

② 앞 창에 빗물이 없을 경우, LED에서 발산되는 빔(beam)은 유리 외부 표면에서 전반사되어 포토 다이오드로 되돌아온다.

③ 빗물이 있으면, 빔은 빛의 굴절에 의해 일부만이 포토 다이오드로 되돌아 오므로 빛의 굴절에 의해 손실된 빛의 강도가 비의 양으로 와이퍼 속도가 자동으로 조절된다.

④ 레인센서는 앞 창유리의 투과율에 상관없이 일정하게 빗물을 감지한다.

3) 레인센서 작동 모드

① OFF mode : 레인센서 & 유니트는 OFF모드 동안에 앞 창유리의 상태를 감시해서 와이퍼 스위치가 어느 단계의 감지로 설정되어야 할지를 알 수 있도록 한다. 이로써 OFF모드에서 AUTO모드로 전환 시 센서의 성능이 최적화된다.

② AUTO mode(Auto INT, Auto Low, Auto High) : OFF에서 AUTO모드로 전환하면 즉각 와이퍼를 1회 작동하여 운전자에게 와이퍼 시스템이 시작되었음을 알리고, 와이퍼가 1회 작동하고 나면 유리에 떨어지는 비의 양에 적합한지가 결정될 때까지 와이퍼는 정위치에서 머문다. 단, 이 동작은 운전자가 설정한 볼륨에 따라 달라진다.

③ WASH mode : 레인센서 & 유니트는 와셔스위치 신호를 입력받아 스위치 작동 시 와이퍼 모터를 저속으로 구동하여 유리를 세척한다(와셔연동 와이퍼 제어).

④ Low/High mode : 운전자의 스위치 조작에 따라 와이퍼 모터를 Low/High 속도로 작동시킨다. 이때의 와이퍼 작동은 레인센서 & 유니트에 의해서 제어되는 것이 아니고 다기능 스위치에서 직접 제어한다. 레인센서 & 유니트 고장 시 와이퍼 Low/High는 정상으로 작동한다.

3. 후진 경보장치(BWS : Back Warning System)

자동차 후진 시에는 장애물의 존재 여부나 거리 판별이 쉽지 않고 또한 전진 시보다 운전자가 확인할 수 없는 사각지대가 많다. 후진 시 편의성 및 안전성을 확보하기 위하여 운전자가 기어 선택 레버를 후진에 넣으면 후진 경보장치가 작동하여 장애물의 존재여부나 장애물과 차량과의 거리를 운전자에게 경보음으로 알려줌으로써 사고를 미연에 방지하는 시스템이다.

1) 시스템의 구성

컨트롤 유닛, 초음파 센서 4개, 경보기(부저)로 구성되어 있다.

2) 작동원리

리어 범퍼에 장착되어 있는 초음파 센서에서 음파의 속도를 알고 있는 초음파 센서를 발산하고, 물체에 부딪쳐 되돌아오는 시간 T[ms]를 측정하는 것으로 물체까지의 거리 D[m]를 알 수 있다.

즉, 물체까지의 거리 $D[\mathrm{m}] = \dfrac{T \times V}{2}$

T: 초음파의 이동시간[ms]
V: 초음파의 전송속도[m/s]

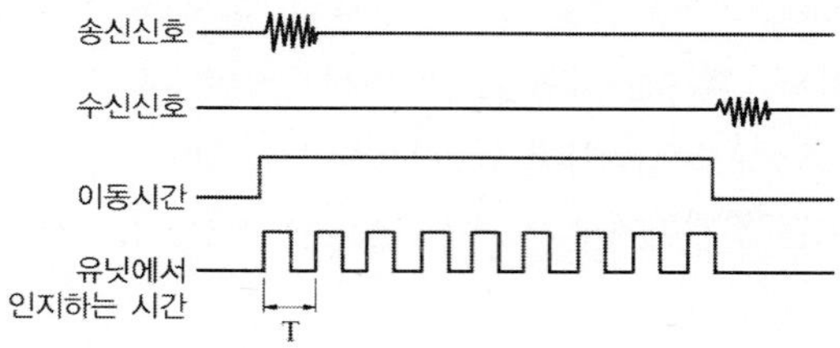

그림 4-41 후진 경보장치의 작동 원리

3) 후진 경보장치의 작동

① **동작신호 및 자기진단 기능**: 차량 후진 시 기어 선택 레버를 후진에 넣으면 작동한다. 이때 자기진단 기능에 의해 컨트롤 유닛에서 각 센서까지의 하네스 및 센서의 이상을 검출하고 정상의 경우 0.3초간 부저음을 발생시킨다. 이때 부저음이 발생되지 않거나 일정 시간 후 일정 간격으로 부저음이 발생되면 시스템 고장이다.

② **경보방법**

㉠ 1차 경보: 후방 장애물과의 거리가 120[cm] 이하일 때, 부저는 340[ms] 간격으로 작동

㉡ 2차 경보: 후방 장애물과의 거리가 80[cm] 이하일 때, 부저는 170[ms] 간격으로 작동

㉢ 3차 경보: 후방 장애물과의 거리가 40[cm] 이하일 때, 부저는 연속으로 작동

4. 타이어 압력 경고 시스템(TPMS : Tire Pressure Mornitoring System)

1) TPMS의 개요

타이어 압력 경고 장치는 타이어 공기압 저하 유무를 판정, 공기압 저하 시 운전자에게 경고하여 주행안전성과 타이어 수명을 연장하는 장치이다.

① **TPMS의 분류**

㉠ 간접 방식: 휠 스피드 센서의 신호를 받아 그 변화를 논리적으로 계산하여 타이어의 압력상태를 간접적으로 유추하는 방법

㉡ 직접 방식: 타이어에 장착된 압력센서에서 직접 압력을 계측하여, 이를 바탕으로 운전자에게 경고하는 방식으로, 직접 방식은 간접 방식에 비하여 고가이나, 계측값이 정확하고 안정적이어서 대부분이 채택하고 있는 방식이다.

② **하이 라인(High Line)과 로우 라인(Low Line)**: 하이(High)와 로우(Low)는 제품의 등급을 나타내는 개념으로, 물리학적으로 높고 낮음을 의미하지는 않는다. 또한, 하이 라인은 이니시에이터와 타이어 위치 경고등을 이용하여, 어느 타이어가 압력이 낮은지를 알 수 있다.

㉠ 로우 라인 구성품 : TPMS 리시버, 타이어 압력센서, 경고등(저압 및 고장 경고등)

㉡ 하이 라인 구성품 : TPMS 리시버, 타이어 압력센서, 경고등(저압 및 고장 경고등, 타이어 위치 경고등), 이니시에이터

2) 시스템 구성

① **리시버**(receiver, TPMS ECU) : 이니시에이터와 시리얼 통신을 하는, TPMS 시스템의 주요 구성품

② **이니시에이터**(initiator) : 리시버로부터 신호를 받아 타이어 압력센서를 제어하는 기능을 하며 LF(Low Frequency) 신호를 받아 RF(Radio Frequency)로 응답한다.

③ **타이어 압력센서** : 타이어 안쪽에 설치되어 타이어 압력과 온도를 측정하고, 리시버 모듈에 데이터를 전송하는 역할을 한다.

3) 시스템 구성품의 역할

① **타이어 압력센서**(tire pressure sensor) : 무게 약 40[g] 정도의 센서로, 휠의 림(rim)에 장착된다(4개). 바깥으로 돌출된 알루미늄 바디 부분이 안테나 역할을 겸하며, 내장된 배터리의 보증 수명은 약 10년이다.

타이어 위치 감지를 위해 이니시에이터로부터 LF 신호를 수신하며, 타이어 압력 및 내부 온도를 측정하여 TPMS 리시버로 RF 전송을 한다. 압력, 온도는 4초마다 측정하고, 송신 주기는 1분이다. 측정주기와 송신주기가 다른 것은 배터리 수명을 연장하기 위함이며 단, 공기의 급격한 방출(rapid deflation)을 감지하면 4초마다 송신을 한다.

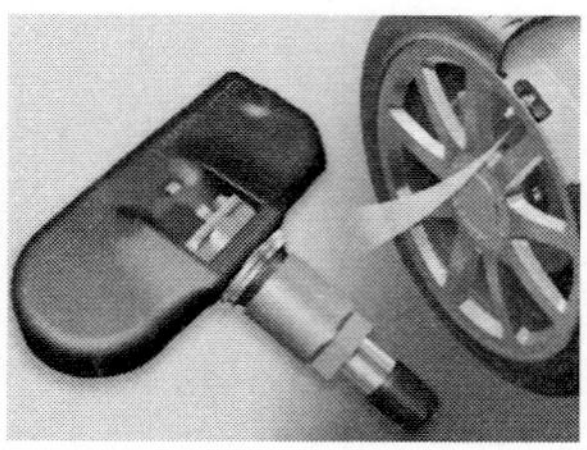

그림 4-42 타이어 압력센서

② **이니시에이터**(initiator) : 하이 라인에만 장착되며, 타이어 압력센서를 wake up 하는 기능과 타이어 위치를 판별하기 위한 도구로 사용한다. TPMS 리시버와 유선(wire, 3선)으로 연결되며, TPMS 리시버와 타이어 압력센서를 연결하는 중계기 역할을 한다. 압력센서와 통신 시, 저주파수(125[kHz])를 사용하므로 LF initiator(LFI)라 한다.

㉠ FRONT initiator : IG ON시, 리시버로부터 전원을 공급받은 FRONT initiator는 먼저, 가까운 쪽 압력센서를 wake up하고, 수신된 압력센서의 ID를 리시버에 저장한 다음, initiator가 장착되지 않은 쪽에서 수신된 압력센서 ID 역시 저장한다.

㉡ REAR initiator : REAR initiator도 동일한 방법으로 RR측 압력센서를 wake up함으로써 RR측 압력센서를 동작시킨다.

③ **리시버**(receiver) = **TPMS ECU**

㉠ 리시버의 기능

ⓐ 타이어 압력센서로부터 RF data(온도, 압력, 센서 배터리 전압)를 수신한다.

ⓑ 수신된 데이터를 분석하여 경고등을 제어한다.

ⓒ LF initiator를 제어하여, 센서를 sleep 또는 wake up한다.

ⓓ IG "ON"되면, LF initiator를 통해 압력센서들을 wake up한다.

ⓔ 차속 20km/h 이상으로 연속 주행 시, 센서를 자동으로 학습한다.

ⓕ 차속 20km/h 이상이 되면, 매 시동 시마다 LF initiator를 통해 자동 위치 확인(auto locating)과 자동학습(auto learning)을 수행한다.

ⓖ 자기진단 기능 및 K-라인으로 통신하지만, 다른 ECU와 통신하지 않는다.

㉡ 리시버의 모드

ⓐ 초기 모드(virgin mode) : A/S 부품으로 입고될 때의 모드로, 이 상태에서는 압력센서로부터 RF 신호를 받아도 저장하거나 경고등 제어를 할 수 없다. 진단장비나 TPMS 익사이터(exciter)를 이용하여 활성화한다.

ⓑ 정상 모드(normal mode) : 차량이 출고될 때의 모드로, 모든 기능이 정상적으로 작동한다.

㉢ TPMS 리시버 입력 방법 : 차종코드, VIN NO, 센서 ID를 모두 입력한 후, 10초 이상 IG OFF 후, IG ON하면 모드 변경이 완료된다.

㉣ 모드 구분하는 방법

ⓐ 초기 모드(virgin mode) : IG ON 시 3초간 점등 후, 0.5초 간격으로 점멸

ⓑ 정상 모드(normal mode) : IG ON 시 3초간 점등 후, 소등

④ 경고등

㉠ 저압 경고등(tread lamp) : 트레드 램프라고도 하며, 타이어 압력이 규정값(26~27[psi]) 이하이면 점등하고, 30~31[psi] 이상일 때 소등한다(히스테리시스 방지). 리시버가 정상 모드일 경우, IG ON 시 3초간 점등 후, 소등된다.

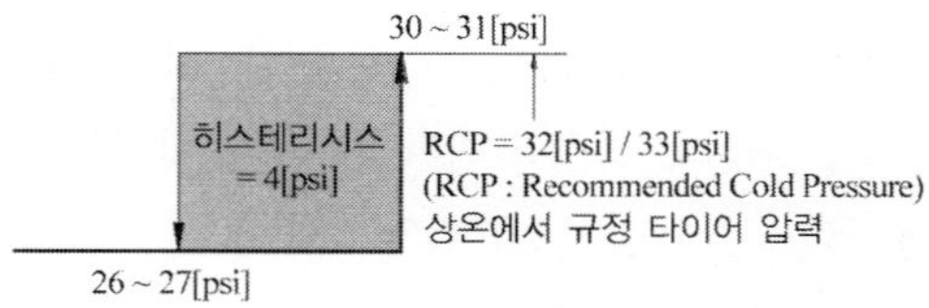

㉡ TPMS 램프 : TPMS 시스템에 고장이 기억된 경우 점등되며, 시스템(자기진단) 경고등이라고도 한다. 하이 라인, 로우 라인 모두 장착되어 있다.

㉢ 저압타이어 위치 경고등 : 하이 라인에만 적용되며 저압 경고등과 함께 점등된다. 어느 타이어의 압력이 규정치 이하인지를 운전자에게 알려준다.

5. IMS(Integrated Memory System)

마이크로 컴퓨터를 이용하여 운전자 신체조건에 맞게 미리 기억시킨 후 자동으로 재생할 수 있는 편의장치이다. 좌석의 위치를 구동하는 4개의 모터와 모터의 위치를 감지하는 센서, 리미트 스위치, 변속레버 "P" 스위치로 구성된다.

1) 모터

① 슬라이딩 컨트롤 모터 : 좌석을 앞, 뒤로 조절

② 리클라이닝 컨트롤 모터 : 등받이의 기울기를 조절

③ 프런트 하이트 컨트롤 모터 : 좌석의 앞쪽 높이를 조절

④ 리어 하이트 컨트롤 모터 : 좌석의 뒤쪽 높이를 조절

2) 센서

① 슬라이드 센서: 좌석이 전후로 작동하는 것을 감지
② 리클라이닝 센서: 등받이의 기울기를 감지
③ 프런트 하이트 포지션 센서: 좌석 앞의 높낮이를 감지
④ 리어 하이트 포지션 센서: 좌석 뒤의 높낮이를 감지

3) 리미트 스위치

슬라이딩과 리클라인의 구속을 방지하기 위하여 앞, 뒤 끝단부에 스위치를 장착하여 시트 이동 시 이동 한계 구간을 알 수 있다. 일반 작동 구간에는 스위치가 ON되어 있으며 한계점에 도달하면 접점이 떨어진다.

4) 변속레버 "P" 스위치

변속레버를 감지하는 스위치로 입력된 신호를 DDM으로 전송한다. "P" 위치 이외에서는 자동조정 금지 신호로 사용된다.

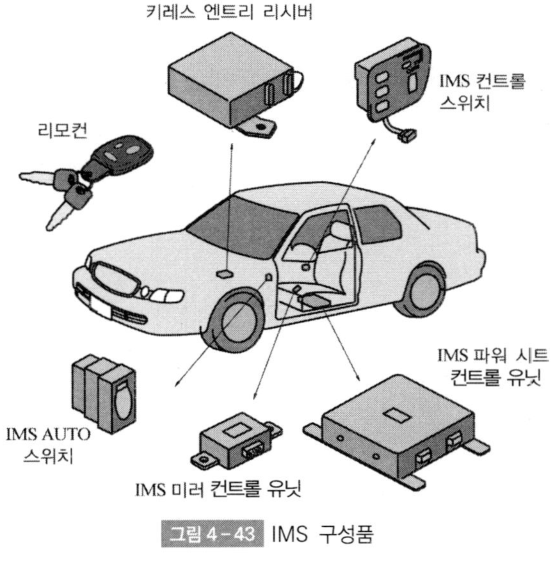

그림 4-43 IMS 구성품

6. 에탁스(ETACS : Electronic Time Alarm Control System)

에탁스란 Electronic Time Alarm Control System의 약자로 중앙 집중제어 장치라고도 하며, 경보장치에 관련된 요소가 한 개의 컴퓨터인 에탁스 유닛에 의해 각각의 릴레이나 엑추에이터, 모터 등을 제어하는 장치이다. 메이커에 따라 ETACS, ETWIS, ISU 등으로 명칭한다.

1) 에탁스 내부 구성

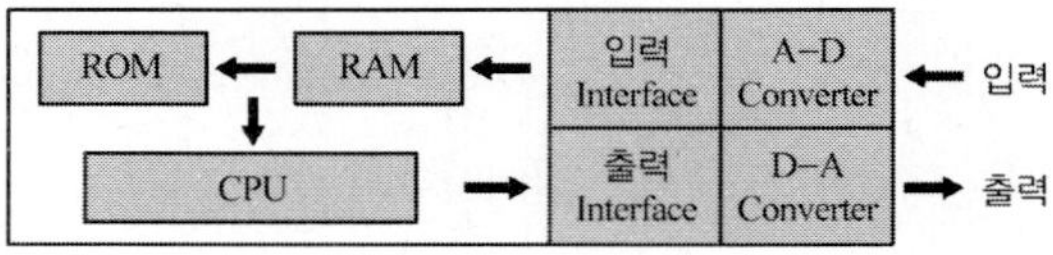

① A－D Converter : 아날로그 신호를 디지털 신호로 변환시키는 장치

② Interface : 실제로 작동하는 센서나 액추에이터, 스위치 등을 CPU나 그 주변의 IC들과 연결하는 역할

③ RAM(Random Access Memory) : 임시 기억장치로 녹음과 재생이 가능한 것 BAT 전원을 끄면 기억이 지워질 수 있는 IC 메모리

④ ROM(Read Only Memory) : 영구 기억장치라 하며, 레코드판이나 CD와 같이 재생만 가능하다. BAT 전원을 꺼도 기억이 지워지지 않는 부분

⑤ CPU(Central Process Unit) : RAM과 ROM에 의해 저장되어진 데이터를 중앙처리장치라는 CPU에서 최종판단을 한다.

2) 에탁스 입·출력 계통도

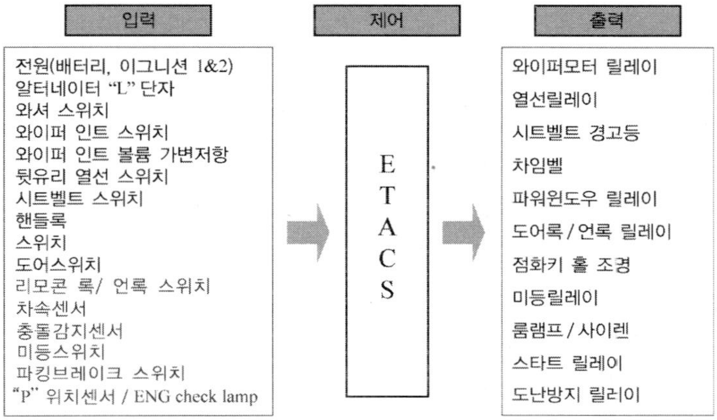

3) 에탁스 제어기능

① **와셔 연동 와이퍼**: 점화키 ON 시 와셔 S/W를 작동시키면 T1(0.6초) 후에 와이퍼 출력을 ON하고, 와셔 S/W OFF 후 T2(2.5~3.8초) 후에 와이퍼 출력을 멈출 것

② **간헐(INT) 와이퍼**: 점화키 ON 시 INT S/W 작동시키면 0.3초 후에 와이퍼 출력을 ON한다. INT 와이퍼 작동 중 와이퍼 재작동 주기는 INT 설정에 따라 T2 시간만큼 변화한다.

③ **뒷유리 열선 타이머**: 발전기 "L" 단자에서 12V 출력 시 열선 SW를 누르면 열선을 15분간 출력한다. 열선 출력 중 다시 열선 SW를 누르면 출력을 멈추고, 열선 출력중 발전기 "L" 단자 출력이 없을 경우에도 열선 SW 출력을 멈춘다. 사이드미러 열선은 뒷유리 열선과 병렬로 연결되어 작동된다.

④ **안전벨트 경고등 타이머**: 점화키 ON 시 안전벨트 경고등은 주기 0.6초, 차임벨은 0.9초, 듀티 50[%]로 점멸한다.

⑤ **감광식 룸램프**: 도어 열림 시 실내등을 점등하고, 도어 닫힘 시 즉시 75[%] 감광후 서서히 감광하여 5~6초 후에 소등한다. 감광 동작 중 점화키 ON 시 즉시 감광동작을 멈추고 룸램프 제어 시 입력되는 도어SW는 전도어 스위치이다.

⑥ **이그니션 키 홀 조명**: 점화키 OFF 상태에서 운전석 도어를 열었을 때 키홀

조명을 점등시키고 키 홀 조명이 점등된 상태에서 운전석 도어를 닫았을 경우 10초간 키 홀 조명을 ON 상태로 지연 후 소등시킨다. 위 제어 중 점화키 ON 신호를 입력받으면 키 홀 조명을 즉각 OFF한다.

⑦ **파워윈도우 타이머** : 점화키 ON 시 파워윈도우 출력을 ON하고, 점화키 OFF 후 30초간 출력을 유지한 후 OFF한다.

⑧ **배터리 세이버** : 점화키 ON 후 미등 SW를 ON한 경우에 점화키를 OFF하고 운전석 도어를 열었을 경우 미등을 자동으로 소등한다. 점화키가 ON 상태에서 운전석 도어를 연 후에 점화키를 OFF한 경우에도 미등을 자동으로 소등하고 다시 미등SW를 ON한 경우 미등을 점등시킨다.

⑨ **점화키 회수** : 키 박스에서 점화키를 삽입한 상태에서 운전석 도어를 열고 도어록 노브를 눌러 도어록하였을 때 0.5초 후 언록 출력을 내어 도어록이 불가능하게 한다.(차에 키를 꽂고 내리는 것을 방지하기 위하여)

⑩ **오토 도어록** : 차속이 일정속도 이상 시(속도 세팅 가능) 전도어록 동작이 일어난다. 제어후 도어 언록 시 다시 록 동작을 수행한다.

⑪ **중앙집중식 도어잠금 장치** : 운전석이나 조수석에서 노브를 사용하여 LOCK 시 전도어가 록되고 UNLOCK 시 전도어가 언록된다.

⑫ **스타팅 재작동 금지** : 도난경보기가 있는 경우 시동이 걸리면(발전기" L" 단자) 도난경보 릴레이를 작동시켜 시동 릴레이가 운전자에 의해 오작동되는 것을 방지한다.

⑬ **점화키 OFF 후 전도어 언록 제어** : 주행 중 도어 록 시 IG OFF할 경우 전도어를 언록시킨다.

⑭ **충돌감지 언록 제어** : 차량 충돌 시 에어백 ECU로부터 에어백 전개 신호를 입력받아 즉시 전도어를 언록한다.

7. 위성항법 시스템(GPS : Global Positioning System)

인공위성으로부터 발사된 전파의 도달시간을 계측하여 위성과의 거리를 계산함으로써 자동차의 위치를 알 수 있는 시스템이다. 편리성과 정확성으로 자동차 항법장치인 내비게이션(Navigation)으로 사용된다.

1) GPS 측위 원리

고도 약 20,000m 상공의 6개 궤도를 돌고 있는 24개 위성에서 1.5GHz 주파수로 송신하는 전파 중 3～4개를 수신해 위치를 계산한다. 3개를 수신하면 위도 및 경도는 알지만 고도는 측정이 불가하므로 현재는 4개를 수신하여 위치를 계산한다.

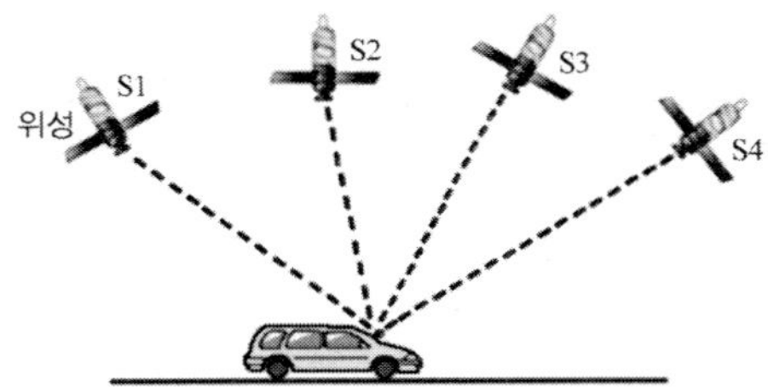

그림 4-44 카 내비게이션의 방위 측위

측량은 3점 측량 방법으로, 위성시계(원자시계)의 시간과 GPS에 내장된 시계의 시간이 일치하여야 한다. 자동차 내비게이션은 비용 문제로 위성 시계와 일치시키지 않고 위성을 1개 늘려서 수신한다. 2개의 위성은 경도와 위도를 수신, 1개는 시차 수정용으로 사용한다. 위성으로부터 도달한 전파의 도달 시간의 차로 현재의 거리를 계산하며, 거리＝도달 시간 차×광속이다.

2) 현재위치 계산 원리 - 삼각 측량법

GPS 위성이 공전하면서 위치를 계산할 수 있는 신호를 주기적(1초)으로 모든 위성에서 송출하면 지상의 GPS 수신기는 삼각 측량법에 의해 현재 위치(경위도)를 계산한다.

가운데 있는 GPS 수신기가 수신이 가능한 GPS 위성까지의 거리를 계산하며, 이를 삼각측량법을 이용하여 WGS84 좌표계의 경위도값으로 산출한다. GPS의 구조적인 한계로, 실제 위치와 20～30m의 오차가 발생한다. 단, GPS에서 송출된 신호가 아무런 공간상 제약 없이 도달한다는 조건에서이다.

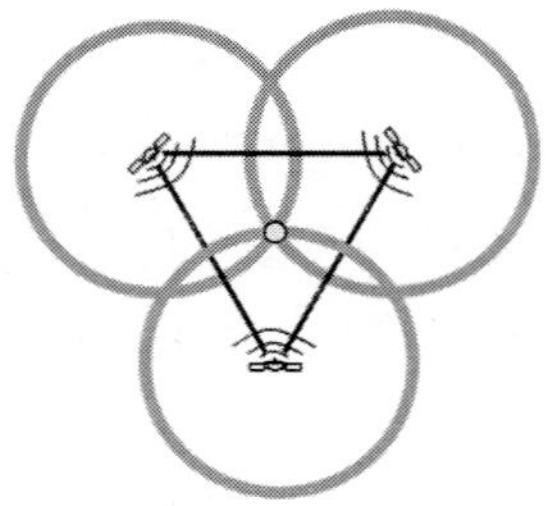

그림 4-45 정상적인 수신

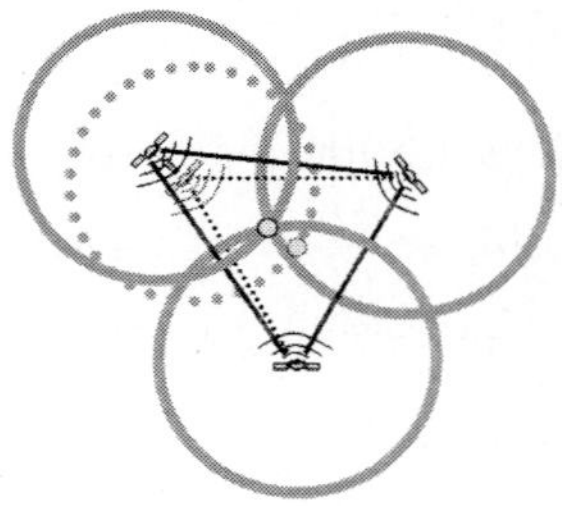

그림 4-46 비정상적인 수신

3) 수신율 저하의 원인

① **고층건물 사이**: 위성의 신호가 차량에 장착된 GPS 수신기에 가장 짧은 거리로 도달하지 못하기 때문이다. 테헤란로와 같은 고층 빌딩 사이가 수신율이 저하한다.

② **터널 안**: 일반적으로, GPS 수신이 되지 않으므로 현재 위치 계산이 불가능하다. 터널 통과 후 발생할 수 있는 교차로나 안전운행 데이터 안내를 위하여 가상 주행으로 안내하며, GPS 수신기가 터널 통과 후 현재 위치를 다시 계산하는 데는, 수신기의 종류나 환경에 따라 짧게는 2초에서 길게는 10초 정도 수신이 지연된다.

③ **고가도로 밑**: 고가도로 밑은 GPS 수신이 이루어지기 힘든 굉장히 불안정한 환경이다. GPS 수신율이 가장 나빠서 수신기에서 현위치를 잘못 계산하는 경우가 많다. 실제 도로가 아닌 이면도로에 현재 위치가 매칭되면 지속적으로 경로를 재탐색하거나, 고가도로 위에 있다고 인식되는 경우가 간혹 발생된다.

④ **지하 차도**: 지하 차도 역시, 터널과 동일한 이유로 GPS 수신이 되지 않는 지역이다. 터널은 가상주행이 가능하나, 지하차도는 가상주행이 되지 않는다. 지하차도는 터널처럼 완전히 GPS가 차단되지 않고 주변 건물 등에 반사되어 간헐적으로 들어오므로 현재 차량이 지하차도에 있다고 판단하기 어렵기 때문이다.

⑤ **기타 요인**: 이 밖에도 전리층의 전파 굴절, 태양의 흑점 활동 등이 수신율에 장애가 된다. 또한, GPS 수신에 장애가 되는 환경에서는, GPS 초기 수신기간 역시 저하하므로 아파트 지하 주차장에 차량을 세워두었다면, 지상으로 나와 어느

정도 벗어나 내비게이션을 동작시키면 초기 수신시간 단축에 도움이 된다. 사람도 어두운 곳에 있다가 갑자기 밝은 곳으로 이동하면 적응이 어렵듯, GPS 수신기도 음영 지역에서 계산하다가, 수신이 양호한 지역으로 들어서면 현위치를 계산하는 데 시간이 걸리기 때문이다.

8. 에어백(air bag)

1) 정의

에어백은 충격 센서와 에어백 제어 모듈을 통해 운전자와 탑승자를 보호하기 위한 충격완화장치다. 특히 자동차 사고 때 일어나는 충격에 의해 운전자나 탑승자가 심한 부상을 입거나 심지어 목숨까지 잃는 사고가 빈번히 일어나자 이 충격을 조금이나마 완충할 수 있는 안전 벨트 보조장치(SRS)를 고안한 것이다.

2) 에어백의 기능

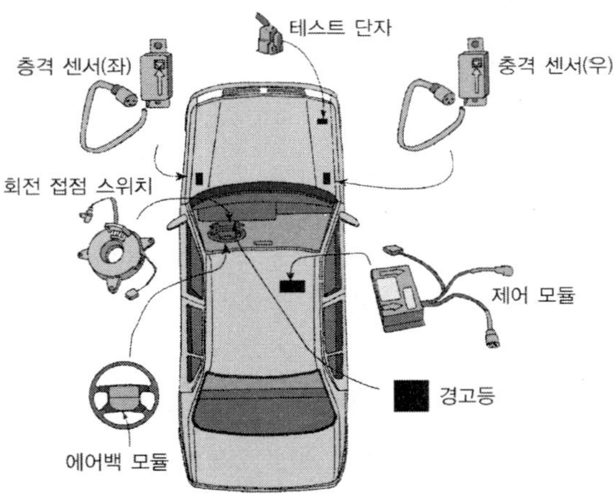

그림 4-47 에어백 시스템

3) 에어백의 작동 과정

에어백의 작동은 기계적인 것과 전자 제어에 의한 것으로 이루어진다. 자동차 사고가 나면 차에 달려 있는 충격 센서가 작동한다. 세팅되어 있는 기계에 의해 충격 센서가 작동하면 즉시 에어백 모듈에 전달되어 순식간에 에어백이 작동하게 되어 있다. 이 모든 과정이 불과 1초의 사이를 두고 일어난다. 특히 운전자나 탑승자는 사고가 일어난 후 0.4～0.8초 안에 에어백의 도움을 받는다. 에어백의 시간별 작동과정은 다음과 같다.

① 충돌 0.15초 후
- ㉠ 자동차 가감속이 매우 크다.
- ㉡ 감속도가 에어백 모듈에 지정한 값에 이르면 에어백 가스발생기가 작동하기 시작한다.
- ㉢ 현재 운전자는 정상 자세이며 무게중심이 앞으로 쏠려 있다.

② 충돌 0.2초 경과
- ㉠ 에어백 커버가 찢어지면서 에어백 팽창이 시작된다.
- ㉡ 운전자의 몸도 핸들로 다가간다.
- ㉢ 차체의 손상이 시작된다.

③ 충돌 0.35～0.4초 경과
- ㉠ 에어백은 완전히 팽창된다.
- ㉡ 안전 벨트가 작동해 운전자를 시트 등받이 쪽으로 당겨준다.
- ㉢ 충돌에 의한 힘이 부분적으로 흡수된다.

④ 충돌 0.4～0.8초 경과
- ㉠ 차체의 이동은 정지되며 최대의 손상을 가져온다.
- ㉡ 운전자가 에어백에 충돌하게 된다.
- ㉢ 에어백에서 가스가 빠져 완충작용을 한다.

⑤ 충돌 1～1.2초 경과
- ㉠ 운전자는 원래의 위치로 정지된다.
- ㉡ 에어백 가스는 완전히 방출된다.
- ㉢ 운전자의 정상 시야가 확보된다.

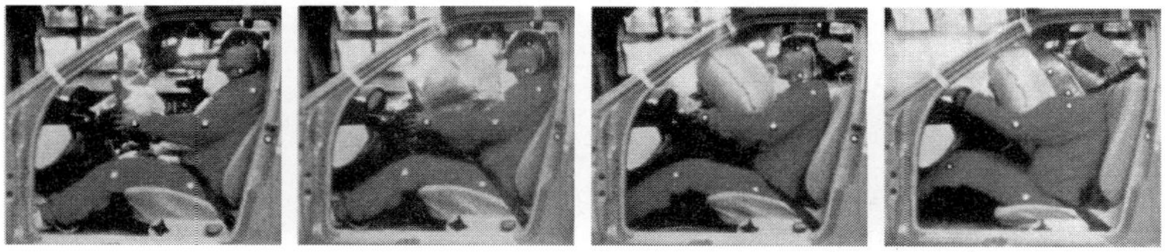

그림 4-48 에어백의 작동 과정

4) 에어백의 구성 부품과 기능

① **에어백 모듈** : 에어백 모듈은 가스발생기, 에어백, 패트 커버(pat cover)로 구성된다. 대부분이 에어백 모듈은 분해할 수 없으며 에어백이 한 번이라도 작동되면 새것으로 바꿔야 한다.

② **가스 발생기**(inflator) : 가스 발생기는 화약, 점화제, 가스 발생제, 디퓨저 스크린(diffuser screen) 등을 알루미늄으로 만든 용기에 넣은 것으로 그림과 같은 구조를 가진다. 또한 에어백 모듈 하우징의 안쪽에 조립되어 에어백 작동시간을 단축시켜 준다.

작동 원리는 일단 가스 발생기 안에 들어있는 화약에 점화전류가 흐르면 화약이 점화되고 점화제가 연소되어 이 연소되는 열에 의해 가스 발생제가 연소하게 되는 것이다.

가스 발생제가 연소하면 질소가스가 급속히 발생해 디퓨저 스크린을 통해 에어백에 공급하게 된다. 이 모든 것이 가스 발생기의 동작 순서이며, 원리다. 특히 디퓨저 스크린은 연소된 가스의 여과 작용과 가스의 냉각 작용을 하며 가스 발생에 의한 소음도 억제해 준다.

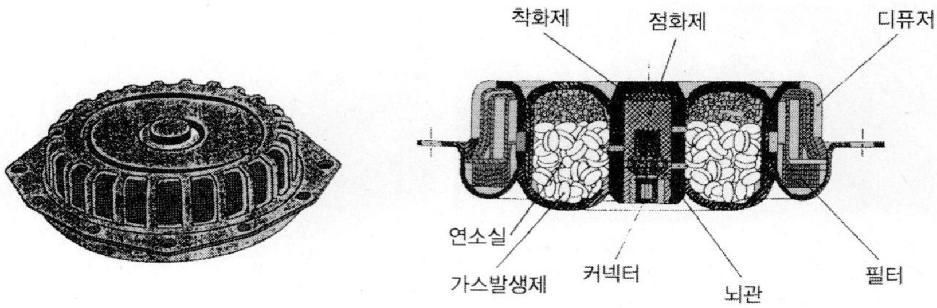

(a) 외관 (b) 단면구조

그림 4-49 가스 발생기

③ **에어백**: 에어백은 고부가 코팅된 나일론 섬유제의 원판형 주머니로서 용량은 약 50~60[l] 정도다. 에어백은 가스발생기 바로 위에 위치하며 에어백을 부풀리는 가스로는 질소가 쓰인다. 질소는 급속으로 팽창한다는 장점이 있으며 가스 자체의 내부 온도변화가 거의 없어 운전자나 탑승자를 더욱 안전하게 해준다. 또한 에어백에 입력된 가스는 빨리 배출해야 하므로 대부분 지름이 2.5[mm]의 배출 구멍을 2개까지 적용하고 있다.

④ **패트 커버**: 우레탄 커버로 에어백 작동 때 에어백에 의해 입구가 갈라져 힌지(hinge)를 중심으로 전개된다. 그러면 에어백은 밖으로 작동되면서 팽창하게 된다. 일반적으로 패트 커버에 그물을 성형시켜 에어백 전개 때 파편이 튀는 것을 방지하는 구조로 되어 있다.

⑤ **회전 접점 스위치**: 회전 접점 스위치는 에어백 모듈과 스티어링 컬럼 사이에 달린다. 이 스위치는 대시보드와 에어백 모듈 그리고 제어 모듈 등을 연결하는 전기선을 에어백 시스템에 맞도록 고안한 것이며 따로 보관할 때 주의해야 한다. 특히 조향 핸들에 직접 달려 배선이 움직일 수 있으므로 이곳에 적용되는 스프링은 일반 코일 스프링이 아니라 클록이라 불리는 스프링을 적용한다. 또한 이 부분을 분해 조립하면 반드시 중립 표시점을 확인해 정위치에 달아야 한다.

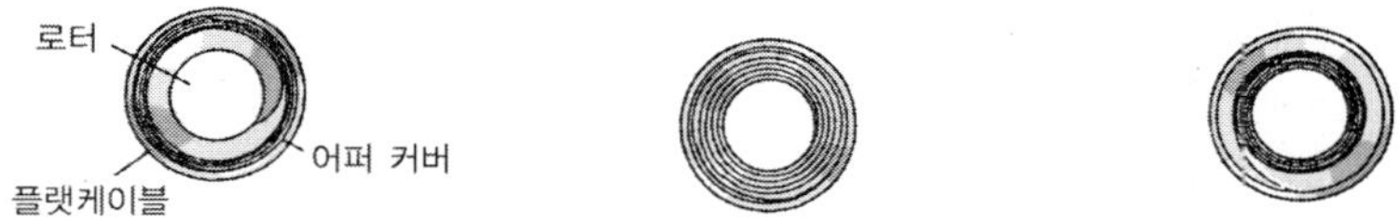

(a) 스티어링 휠을 좌측으로 회전 때 (b) 중립 때 (c) 스티어링 휠을 우측으로 회전 때

그림 4-50 클록 스프링 작동 상태

⑥ **충격 센서**: 충격 센서는 대부분 차체의 앞부분에 달리지만 우리나라 자동차인 경우 암레스트 콘솔박스 밑에 설치되기도 한다. 충격 센서는 극히 기계적으로 작동되나 기계적인 부분이 전자 시스템과 접목되지 않으면 자동차에 충격을 알려줄 수 없다. 예를 들어 자동차가 사고로 인해 주행속도가 중력 가속도의 규정값에 이르면 충격 센서의 롤러가 움직여 접점을 닫게 한다. 이 접점이 닫히는 순간 에어백은 작동하는 것이다. 만약 충격 센서를 정비하거나 교체할 경우 센서 표면에 적혀 있는 방향을 반드시 맞추어야 한다.

(a) 센서 위치 (b) 내부구조

그림 4-51 충격 센서

5) 에어백의 제어 모듈 기능

에어백의 제어 모듈은 시스템을 트리거링시키는 데 충분한 에너지를 저장하고 자기 진단 기능을 수행해 사고와 관련된 자료로 기록한다. 특히 제어 모듈을 통해 자동차가 에어백을 작동시키기 위한 적절한 상태가 되지 않더라도 이 모듈을 통해 에어백의 기능이 완벽히 이루어질 수 있게 한다.

① 제어 모듈의 주요 기능

㉠ 에어백 작동 때 배터리 고장에 대비한 비상 전원 기능을 보유하기 위한 자체 충전 콘덴서가 있다.

㉡ 축전지 전압저하에 대비한 전압상승의 기능을 한다. 이것은 일종의 컨버터와 트랜지스터 기능으로 전압이 떨어지더라도 충분한 기존 전압을 발생토록 한다.

㉢ 안전성과 안정성을 위한 자기진단 기능이 있어 수시로 운전자에게 알려주도록 한다.

위와 같이 에어백의 제어모듈은 실제 자동차의 기능이 노화되거나 미비하더라도 에어백 작동에 방해받지 않도록 설계되어 있어 운전자나 탑승자의 안전을 도와준다. 만약 제어 모듈이 없다면 사고가 발생해도 에어백이 작동하지 않을 수 있어 매우 위험하다. 또한 이 모듈은 기억할 수 있는 기능이 있어 에어백의 고장 기록도 판독할 수 있다. 자동차가 충돌했을 때 충돌 전의 에어백 상태를 알 수 있으며 그동안 충돌 횟수와 경고등 점등 상태 등을 알 수 있다.

② **시스템 회로도와 시스템 동작 과정**: 에어백의 동작은 앞에서 설명한 것과 같이 기계적인 센서 동작 후에 전자 제어에 의해 이루어진다. 따라서 시스템의 기본적인 회로도를 분석해 정확한 동작원리를 알아보며 그 과정도 알아보자.

시스템의 기본적인 회로 중 스위치 기능은 병렬로 연결된 2개의 충격 센서와 제어 모듈이 내장된 안전 스위치에 의해 이루어진다. 따라서 1차 충격 후 동작 규정값에 이르면 제어 모듈에 있는 안전 스위치가 작동한다. 또한 배터리가 파손되면 제어 모듈의 비상용 전원장치가 대신한다. 반대로 안전 스위치가 동작된 상태라도 2개의 충격 센서에서 신호가 들어오지 않으면 가스발생기는 작동하지 않는다.

위와 같이 에어백의 시스템은 각 센서와 스위치들이 교류하는 상태에서 어느 쪽이라도 데이터값에 이르지 않으면 작동하지 않게 된다. 그러나 각종 실험을 통해 얻어낸 측정값에 의해 운전자와 탑승자를 안전하게 지킬 수 있도록 설계되어 있으므로 에어백 작동을 의심하지 않아도 된다.

9. 시트벨트 프리텐셔너(Seat Belt Pretensioner)

차량 앞 방향으로부터의 충돌이 감지되면 시트벨트를 순간적으로 되감아 주어 승객이 앞 방향으로 이동되는 양을 작게 하여 시트벨트의 효과를 향상시키는 장치이다.

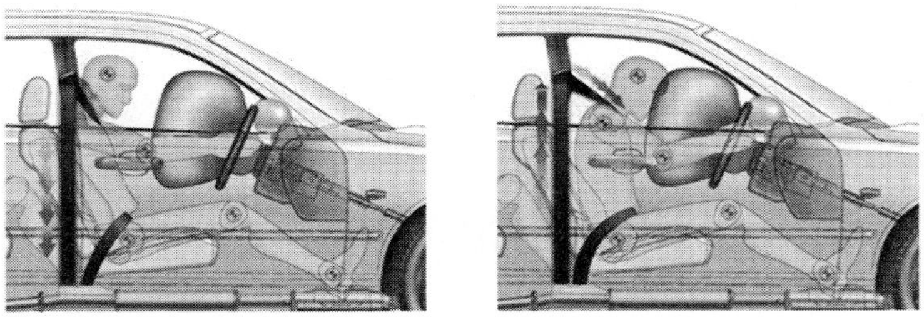

그림 4-52 시트벨트 프리텐셔너의 작동

1) 개요

차량 충돌 시 에어백이 작동하기 전에 작동하며, 발생한 충돌이 크지 않으면 에어백은 미전개되고 프리텐셔너만 전개된다. 작동된 프리텐셔너는 반드시 교환되어야 하고, 에어백 ECU는 6번까지 프리텐셔너를 점화시킬 수 있으므로 재사용이 가능하다. 프리텐셔너 6회 점화까지는 동일한 ECU 사용이 가능하나, 6회 폭발 이후에는 신품의 ECU로 교환하여야 한다.

2) 구성부품의 기능

센서, 액추에이터, 클러치로 구성되어 있으며, 프리텐셔너의 오작동을 방지하기 위한 안전버튼과 시트벨트 착용감지기가 있다.

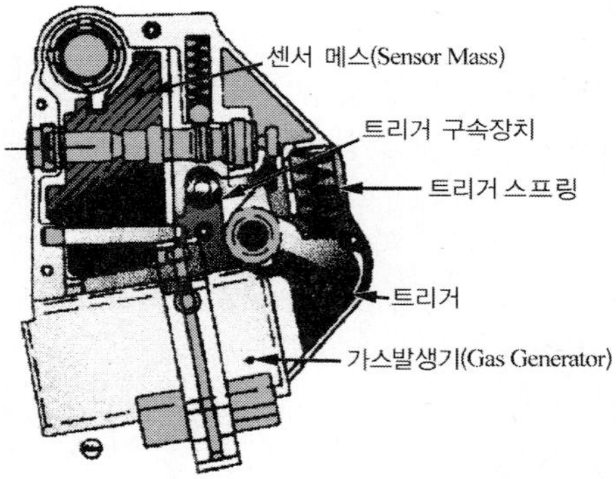

그림 4-53 구성품

① **액추에이터** : 가스발생기에서 발생된 가스압력이 실린더 내의 피스톤을 밀어올린다. 이때 피스톤에 연결되어 있는 와이어가 당겨지면서 클러치가 작동한다.

② **클러치** : 액추에이터가 작동할 때 와이어가 당겨지면서 클러치가 고정되고 시트벨트를 되감아 준다.

10. 승객유무 감지장치(PPD, Passenger Presence Detection system)

1) 역할

조수석에 탑승한 승객을 감지한다. 탑승하였으면 전개하고 존재하지 않는다면 조수석 및 측면 에어백을 전개하지 않아 불필요한 에어백 전개를 방지하여 수리비를 절감하는 장치이다.

2) 장작위치 : 조수석 시트커버 하단부

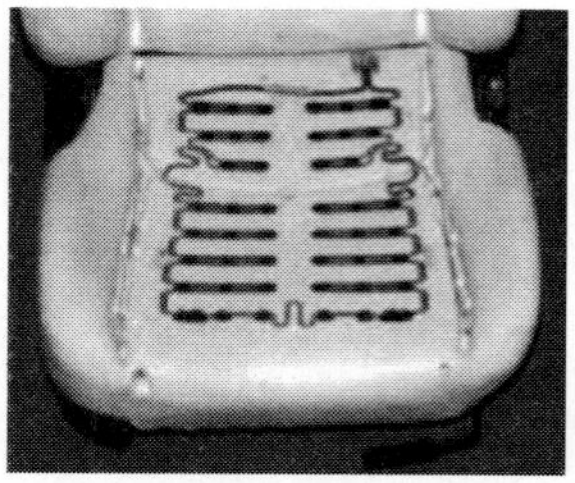

그림 4-54 PPD 센서

3) 작동 원리

하중에 따라 저항값이 변하는 압전소자를 이용하여 승객의 존재유무를 판단하며, 기준중량은 15[kgf]이다.

승객 감지조건

승객 탑승유무	저항값	승객의 중량
승객 있음	50[kΩ] 이하	15[kg_f] 이상
승객 없음	50[kΩ] 이상	15[kg_f] 이하

3_ 사고 회피 기술

1. 지능형 자동차 기술

지능형 자동차란 여러가지 기술의 융합을 통하여 안전성 및 편의성을 획기적으로 향상시킨 자동차로 다음과 같은 기술들이 있다.

① **예방안전기술** : 사고가 나지 않도록 사전에 예방하는 기술로서 수동안전(ABS, VDC 등)과 능동안전(충돌예방 시스템 등) 시스템이 있다.

② **사고회피기술** : 사고가 나더라도 피해를 최소화하기 위해 자동으로 차량을 제어하는 능동안전 시스템으로 비상제동을 포함하는 운전자 지원 시스템이 대표적이다.

③ **자율주행기술** : 운전자의 지시만으로 원하는 목적지까지 주행하는 기술로서 기술적으로도 어려운 점이 많고 사회적 합의도 필요한 선행기술이다.

④ **충돌안전기술** : 충돌 시 피해 최소화를 위한 능동, 수동 안전 시스템으로써 액티브 헤드레스트 등이 대표적인 기술이다.

⑤ **편의성 향상 기술** : 자동 주차, 내비게이션 시스템 등 운전자의 편의성을 지원하는 시스템이지만 단순 편의성보다는 안전과 밀접한 연관이 있다.

⑥ **차량 정보화 기술** : 차량 자체의 네트워크(In-Vehicle Network)와 외부 통신을 기반으로 운전자에게 필요한 정보를 실시간으로 전달하는 기본 기능과 IT 산업과 연계한 확장 기능이 있다.

2. 예방 안전 기술(Preventive Safety)

사고 위험성을 미리 감지하여 운전자에게 정보를 제공하거나 경고하는 기술이다.

① UWS(Ultrasonic Warning System) : 초음파 센서를 이용하여 차량 모든 주변의 근거리 내에 있는 물체를 검지하고 경고하는 시스템

② SOWS(Side Obstacle Warning System) : 차선 변경 시 후측방 접근 차량의 유무를 검지하여 경고하는 시스템

③ LDWS(Lane Departure Warning System) : 전방 영상처리를 통하여 차선 이탈여부를 판단하고 이를 운전자에게 경고하는 시스템

3. 사고 회피 기술(Accident Avoidance)

사고와 연결될 수 있는 상황에서 능동적으로 사고를 회피하도록 제어하는 기술이다.

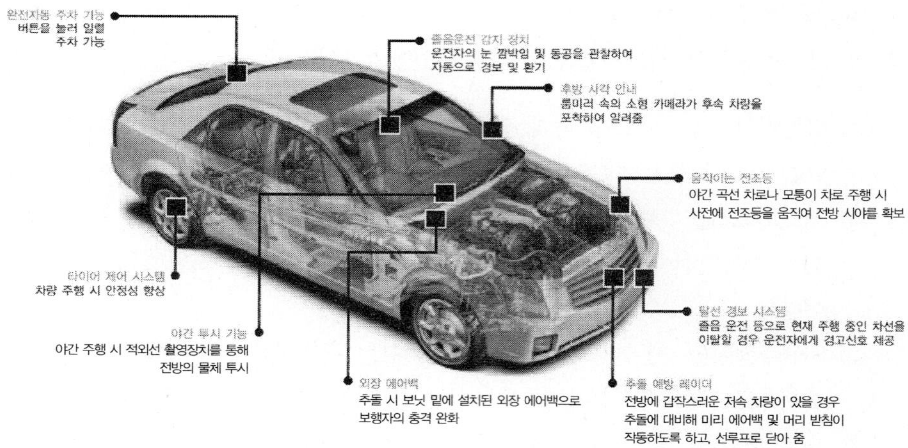

그림 4-55 사고 회피 기술 시스템

① PCS(Pre-Crash Safety) : 레이더, 카메라 융합을 통해 전후방 교통 상황을 판단하여 충돌 사고 가능성이 있을 경우 운전자에게 경고하고 전동 안전벨트 및 Headrest 등을 제어하는 시스템이다.

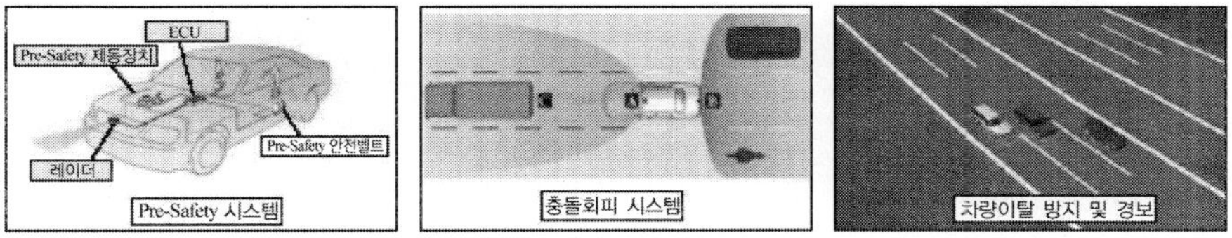

사고회피기술	· 센서이용 차량 주변상황 인식 지원 · 로직(Logic)에 의한 판단 지원 · 액추에이터를 이용한 조작 지원
요소 부품	· 레이더 센서, 비전 센서 · 액추에이터 · ECU, 로직, 운영 S/W

→

- 차량이탈 방지 및 경보
- 차선변경 보조
- 전방충돌 회피, 방지
- Rollover 방지 시스템
- 후측방 충돌 경보

그림 4-56 PCS 시스템

② LKS(Lane Keeping Support) : 차선 이탈 시 Steer－by－Wire 시스템을 이용하여 주행 차선을 유지하는 시스템이다.

③ CAS(Collision Avoidance System) : 레이더, 카메라 융합을 통해 전후측방 교통 상황 및 주변 차량의 상대 속도 등을 검지하여 사고 가능성이 있을 경우 Brake－by－Wire, Throttle－by－Wire 시스템 등과 연동하여 사고를 미리 예방하는 시스템이다.

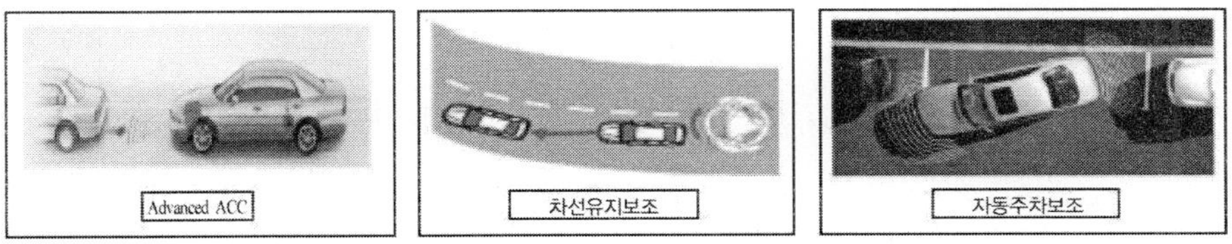

자율주행 자동주차기술	· 센서를 이용한 차량 주변상황 인식 지원 · 로직(Logic)에 의한 판단 지원 · 액추에이터를 이용한 조작 지원
요소 부품	· 레이더 센서, 비전 센서 · 액추에이터(모터, 유압) · ECU, 로직, 운영 S/W

→

- 적응 순항제어 시스템
- 군집 자율지행
- 도로정보 활용 자율주행
- 주차보조 시스템
- 반, 전자동 주차 시스템

그림 4-57 CAS 시스템

④ ACC(Advanced Cruise Control) : 전방 레이더를 이용하여 일정 속도를 유지하고 긴급 상황에서는 비상 제동을 수행하는 시스템이다.

4. 편의성 향상 기술

편의성 향상 기술은 차량 안전 시스템과 구분이 어려우나 다음과 같은 기술이 있다.

① FRMS(Front Rear Monitoring System) : 카메라를 이용하여 전후측방의 사각 지역 영상을 운전자에게 제공함으로써 좁은 길에서의 저속 주행이나 주차 시 운전자의 시각을 보조하는 시스템이다.

② HUD(Head Up Display) : 주행 중 운전자의 시야를 하향하면서 초점을 바꾸어야 하는 지금의 클러스터를 대체하기 위하여 개발되고 있는 디스플레이 장치이다.

③ FWD(Full Windshield Display) : HUD와 달리 내비게이션 정보나 기타 필요한 정보를 필요한 시기에 잠깐 보여주는 시스템이다.

④ PAS(Parking Assist System) : 카메라, 근거리 센서 등을 융합하여 주차 시 주변 공간과 주변 차량 등을 검지하고 이 정보를 바탕으로 운전자의 주차를 보조하는 시스템이다.

⑤ **스마트 에어 컨디셔닝 시스템** : 운전자 및 탑승자의 체온을 직접 검지하여 각각의 사람들에게 최적의 온도 환경을 만들어 주는 시스템

⑥ Comfort Seat : 운전자 및 탑승자의 체형에 맞추어 시트를 자동제어하는 시스템

5. 기타 안전 기술

① **스마트 에어백**(Smart Airbag) : 운전자 및 탑승자를 인식하여 에어백 전개 압력, 전개 위치 등을 조절하는 시스템으로서 어린 아이, 여자, 노약자 등을 대상으로 에어백으로 인한 2차 상해를 방지하기 위해 개발되고 있다.

② **보행자 보호 시스템** : 사고 시 보행자를 보호하기 위한 제반 시스템으로 후드리프팅(Hood Lifting) 시스템, 보행자용 에어백, 액티브 범퍼(Active Bumper) 등이 검토되고 있다.

③ **스태빌리티 시스템**(Stability System) : 차량의 동적 특성을 제어함으로써 주행 안정성과 안전성을 확보하는 기술로 ABS가 그 시초라고 할 수 있다. ABS, TCS, VDC 등이 통합되어 동작하는 것이 특징이다. 현재 가장 활발히 개발이 진행되고 있으며 지금의 ABS처럼 향후 대부분의 차량에 장착될 것으로 보인다.

④ **나이트 비전**(Night Vision) : 야간 주행 시 운전자 시각을 대신하여 전방의 영상을 보여주는 시스템이다. 기술적인 이유보다는 가격대비 효용성 등 다른 요인들로 인하여 상용화가 지연되고 있다.

자동차전기통신

초　판 인쇄 | 2019년 8월 25일
초　판 발행 | 2019년 8월 30일

지 은 이 | 김형진·전석환
발 행 인 | 조규백
발 행 처 | **도서출판 구민사**
(07293) 서울특별시 영등포구 문래북로 116 604호(문래동 3가, 트리플렉스)
전　화 | (02) 701-7421(~2)
팩　스 | (02) 3273-9642
홈페이지 | www.kuhminsa.co.kr

신고번호 | 제2012-000055호(1980년 2월 4일)
I S B N | 979-11-5813-714-4　　[13550]

값 21,000원